U0033592

200萬人 以上追蹤，旅居巴黎
甜點 youtuber 親授！

快速甜塔點心

Quick Tart

前言

快速塔這個靈感的出現，
是我在巴黎的麵包店，
購買簡單的覆盆莓塔（搭配慕斯琳奶油餡）時。
我發現那家店使用的塔皮不是一般的塔皮，
而是類似布列塔尼餅（Galette Bretonne）的扁平塔皮。
「原來這樣也算是甜塔啊！」我驚訝得像是發現了新大陸，
這也成了我自由發揮創意與創作甜塔食譜的契機。

我在反覆經歷了各種配方比例和組合失敗的同時，
仍盡可能想辦法製作出簡單且不需技巧的塔皮，
終於，成功地做出了「魔法的快速塔」。

甜塔是很受歡迎的甜點，但由於塔皮製作的難度很高，
也費工夫，所以在家自己製作的機會應該不多。
不過，這本書中要介紹的快速塔，是即便不擅長製作甜點，
或是初次挑戰的人，也都能輕鬆駕馭的食譜。
出版這本書的初衷，是希望當大家以後看到當季盛產，
而且價格又便宜的水果時，
能輕鬆愉快地想到：「來做甜塔吧！」

親手烘焙鋪滿水果的甜塔給家人享用，
或是送給朋友當禮物，相信收到的人一定會很開心。
所以，請大家務必試著在家裡製作自己的甜塔！

Emojoie（えもじょわ）

＊布列塔尼餅（Galette Bretonne）是一種口感酥脆，外型扁平的圓形餅乾。在法國，另一種偏厚的叫做 Palet Breton。

目錄 CONTENTS

PART1 製作塔皮

PART2-1 製作鮮奶油類的內餡

PART2-2 製作卡士達醬類的內餡

PART2-3 製作其他種類的內餡

PART3 放上材料完成甜

PART4 搭配專用的內餡製作甜塔

本書的使用方式

○器具

- 計量單位 1 小匙＝ 5 毫升（ml），1 大匙＝ 15 毫升（ml）。
- 烤箱烘烤的時間僅供參考。由於烘烤時間會受到模具大小、深度，以及烤箱機種影響，讀者們掌握自家的烤箱特性後，再自行調整合適的時間。
- 使用微波爐時，均設定在 600W（輸出功率）。

○材料

- 麵粉依據其中的蛋白質含量，由多到少分別爲高筋麵粉、中高筋麵粉、中筋麵粉、低筋麵粉，但是法國的麵粉並非以蛋白質含量多寡來分類。

  本書使用的麵粉全都介於中筋麵粉～中高筋麵粉（約含有 8 ～ 11%蛋白質的麵粉）之間。

  製作塔皮時，無論使用低筋麵粉、中筋麵粉，或是以高筋麵粉和低筋麵粉混合而成的麵粉都可以。

- 製作塔皮時用的砂糖是顆粒較細的細砂糖，也可以改用上白糖。要避免使用大顆粒的糖，若使用較大顆粒的糖（例如一般砂糖），烤好的塔皮不僅口感會有砂糖顆粒，也可能影響麵團的黏性。

- 製作塔皮的奶油若沒有特別標示，無論用無鹽奶油或有鹽奶油都可以。如果使用有鹽奶油，不管省略材料中額外加的鹽，還是按照食譜加入鹽都沒問題。鹹味塔皮也自有其風味。

製作甜塔的塔皮非常麻煩。

不僅花時間，而且會弄髒手和桌子。
在各種甜的做法中，也是特別費工夫且需要技巧的。

而魔法的快速塔的塔皮製作不費工夫，也不需技巧。
只需要「拌合」、「壓平」、「烘烤」三個簡單步驟就能完成。

至於爲什麼簡單就能完成，原因在於**無須使用擀麵棍擀平麵團**。
一般塔皮因爲要用擀麵棍擀平，必須先把麵團拿去冰，放置一段時間鬆弛，
可是魔法的快速塔不用擀製，所以不需要等待鬆弛的時間。
準備好製作塔皮的麵團，**直接用湯匙將麵團壓平就可以了**。
而且因奶油所佔的比例比一般塔皮更高，材料中也不含蛋，
因此能做出**口感更酥脆**的塔皮。

我在社群平台上常得到
「原來還有這種製作方式啊！」
「我覺得擀塔皮很麻煩，所以沒嘗試過製作甜塔，但我會藉著這個機會來挑戰看看！」
「眞是革命性的做法呀！」
「比一般的甜塔口感更酥脆。」
這類回響或留言。

不用弄髒手，就能在短時間內做好塔皮。
不需要任何技巧，即使初學者也能做出漂亮的甜塔。
只要搭配喜歡的內餡和水果，就能享用各種自己喜愛的風味。
另外，也可以做出不加奶油、鮮奶油、蛋，吃起來毫無罪惡感的甜塔喔！

這就是可以滿足一切的**魔法的快速塔**。

一般甜塔和快速塔的做法有什麼不同？

一般甜塔的塔皮

① 將砂糖加入奶油中攪拌後，再加入蛋液攪拌混合，最後加入麵粉製成麵團。
② 若是製作餅乾塔皮，必須將材料放到桌上以手掌推揉，讓材料混合均勻。
③ 將麵團揉好，放進冰箱確實冷藏。 → 需要鬆弛
④ 麵團太硬會擀不開，所以要先用手揉到適當的軟硬度。
⑤ 一邊撒上手粉，一邊用擀麵棍迅速地將麵團擀平。 → 需要擀麵團
⑥ 將塔皮鋪進模具裡，視情況要再放入冰箱冷藏。
⑦ 放上烘焙重石後盲烤。

Quick Tart? 快速塔的塔皮

① 將砂糖加入奶油中攪拌，再加入麵粉製成麵團 → 不需要鬆弛
② 用湯匙將麵團壓平在模具裡。→ 不需要擀麵
③ 放入烤箱烘烤。

要準備這些喔！

模具

製作快速塔時會用到許多不同的模具。例如一般塔圈、加高慕斯圈，常見的波浪形且底部可拆卸的活動式塔模，以及底部可拆卸的活動式蛋糕模等等，全都會用到。若購買百元商店販售的小型慕斯圈，也能製作小甜塔。本書中主要使用的是直徑 18 公分、高 2.5 公分的塔圈。

裝飾用擠花嘴

製作蒙布朗塔時需要用到蒙布朗花嘴，此外，還會用到圓形平口花嘴、V 形（缺口）花嘴，但若改用星形花嘴、手邊現有的擠花嘴也沒關係。此外，在 p.65 有介紹斜剪開擠花袋擠花的方法。

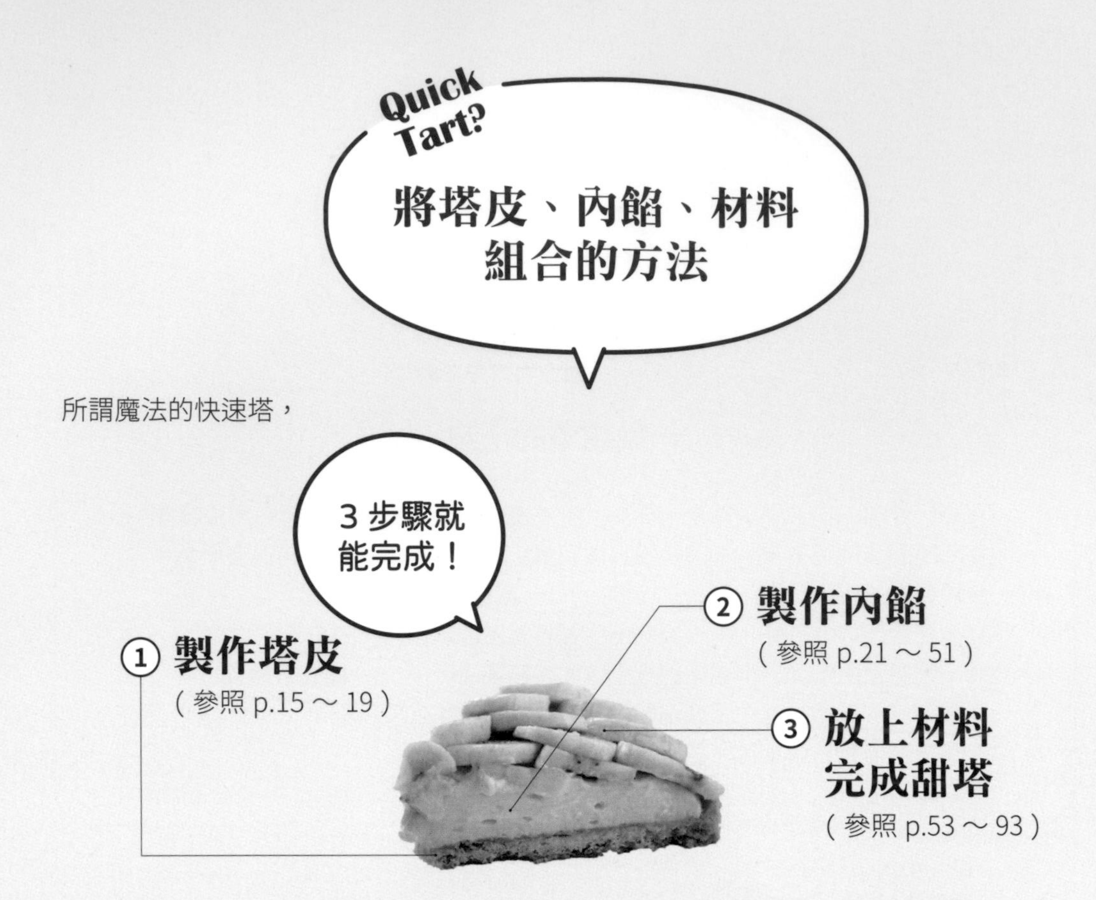

是利用這 3 個步驟，以各種自由組合與搭配而製作出來的甜塔。
比如說手上正好有當季的水果，就能以材料為出發點搭配，
從喜歡的內餡開始選擇也 OK。大家可以試著找出自己喜歡的美味組合。

製作塔皮 （參照 p.15 ～ 19）

從基本塔皮、未使用乳製品的基本塔皮、
使用餅乾製成的餅乾塔皮這 3 種塔皮之中選出 1 種。

（範例）基本塔皮

②

製作內餡 （參照 p.21 ～ 51）

若是一般常用的內餡，不管選哪種都沒問題。
本書中介紹的有 5 種鮮奶油內餡、4 種卡士達醬內餡，以及另外 2 種內餡。
基本上，這些內餡不管要搭配哪種塔皮或水果都可以。
只要先參考 p.21 ～ 51「製作內餡」，
並了解各種內餡的特色，就能輕鬆掌握搭配組合了。

（範例）鮮奶油卡士達醬

③

放上材料完成甜塔 （參照 p.53 ～ 93）

從自己喜歡的水果或巧克力等材料中，
挑選出甜塔的餡料或配料。
即使沒有自信能把塔面裝飾得很漂亮也沒關係！
只要緊密地排滿水果，就能做出豪華又美麗的甜塔囉！

（範例）香蕉

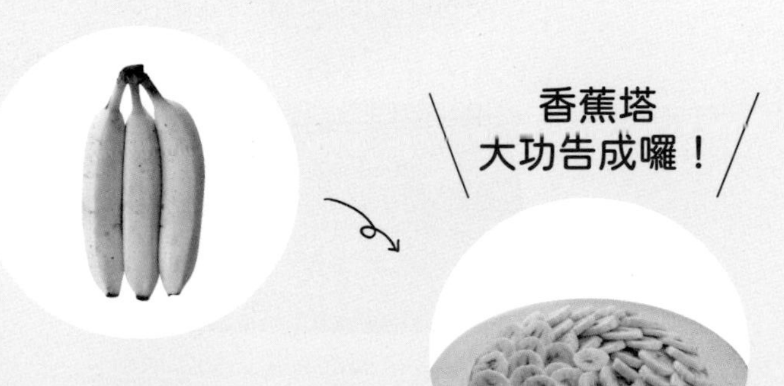

香蕉塔
大功告成囉！

在法國，大家說的「塔」……

法式甜點中最常見的甜塔，是一種歷史悠久的甜點。

塔（法文 tarte）一詞約在 12 世紀時便已普及於法國，據說源自於拉丁文的 torta（圓形蛋糕）。

「塔」在法國的使用範圍很廣，不管是有甜味的塔皮、沒有甜味的塔皮、派皮，或是在其他餅皮上放材料後製成的食品，全都統稱爲塔。

所以，諸如將水果放在薄薄的方形派皮上烘烤出的甜點；亞爾薩斯地區的特產，通常被稱作「法式火焰薄餅」的一種不甜的薄烤披薩；將蕃茄放在派皮上烘烤而成的食品，這些在法國全都算是塔。

順帶一提，派源自英語，而塔源自法語，但兩者的意思一樣。

那麼最受歡迎的甜塔是哪一種？我想在日本，最受歡迎的甜塔多半是草莓塔，但無論是草莓塔或覆盆莓塔，在法國也都很受當地民眾的喜愛。

法國有「fruits rouges」這個統稱所有紅色莓果的詞彙，做成的水果塔很有代表性，具有不可動搖的地位。在我的印象中，法國幾乎每一間店都有販售覆盆梅塔和草莓塔。此外，在日本很少見的法式布丁塔（Flan Pâtissier，參照 p.126），反而是法國每間甜點店的必備品項。

另外在日本，蒙布朗是每到秋天就很受歡迎的甜點，但在法國卻不常見到栗子類的甜塔。法國的麵包店或甜點烘焙坊大多都沒有販售蒙布朗。

莓果塔在法國也相當受歡迎！

在日本廣受喜愛的蒙布朗，
在法國卻意外的不得人心。

PART 1
製作塔皮

La Pâte

La Pâte

基本塔皮&
未使用乳製品的基本塔皮

特色

- 主要使用奶油、砂糖、麵粉這 3 種材料。
- 奶油佔比較高，由於沒有加蛋來提升麵團的黏性，烤出來的塔皮口感非常酥脆。

製作時的重點和訣竅

- 奶油若是太軟，會黏在湯匙上。但如果太硬，麵團也會變得不好壓平，所以要讓奶油維持適當的膏狀。
- 若是使用顆粒較大的砂糖製作，塔皮烤好後仍會留有砂糖顆粒的口感，所以要用顆粒較細的細砂糖或上白糖。由於砂糖的量會影響到麵團的黏性，記得不要隨意減少砂糖量。

適合搭配的材料

- 不管跟哪種內餡都很搭。

材料（直徑 18 公分的塔 1 個）

無鹽奶油 65 克
砂糖 40 克
鹽 1 小撮（0.5 克）
麵粉 90 克

事前準備

- 將烤箱預熱到 170°C。

基本塔皮的做法

奶油切成薄片，以微波爐600W加熱20～30秒，讓奶油變成柔軟的膏狀。小心不要將奶油加熱到完全融化。

將砂糖、鹽加入做法 **1** 中攪拌混合。

加入麵粉，用橡膠刮刀翻拌成麵團。

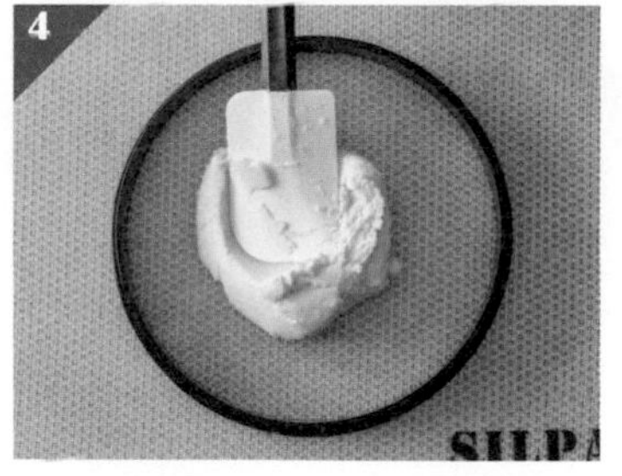

烤盤上鋪好烘焙紙或矽膠烘焙墊，再放上塔圈（也可以改用活動式波浪形塔模或蛋糕模、加高塔圈），將做法 **3** 的麵團平鋪在塔圈內。

一邊用湯匙按壓，一邊均勻地壓平麵團。

Point

將湯匙用保鮮膜包好，再以湯匙壓平麵團，麵團就不會黏附在湯匙上，操作更輕鬆。

放入烤箱，以170℃烘烤25分鐘。

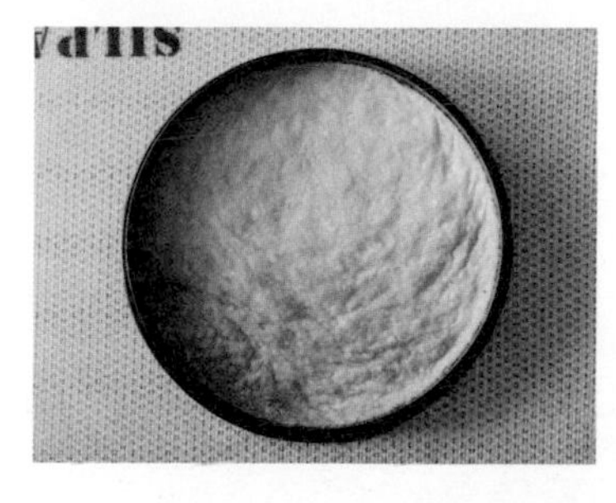

大功告成！從烤箱中取出塔皮，放涼。

未使用乳製品的基本塔皮的做法

材料（直徑18公分的塔1個）

烘焙用人造奶油 65 克
砂糖 40 克
鹽 1 小撮（0.5 克）
麵粉 90 克

用植物性人造奶油取代奶油

事前準備

・將烤箱預熱到 170°C。

製作方式和基本塔皮相同。

La Pâte

使用餅乾製成的餅乾塔皮

特色

・將市面上販售的餅乾搗碎，再製成塔皮。
・無須使用烤箱，方便製作。

製作時的重點和訣竅

・用湯匙按壓，確實完成基底塔皮，就能做出不會輕易碎裂的塔皮。

適合搭配的材料

・不管跟哪種內餡都很搭。

材料（直徑 18 公分的塔 1 個）
餅乾 120 克
融化奶油 50 克
牛奶或豆漿 15 克（1 大匙）

餅乾塔皮的做法

將餅乾放入夾鏈袋中，用擀麵棍敲碎。

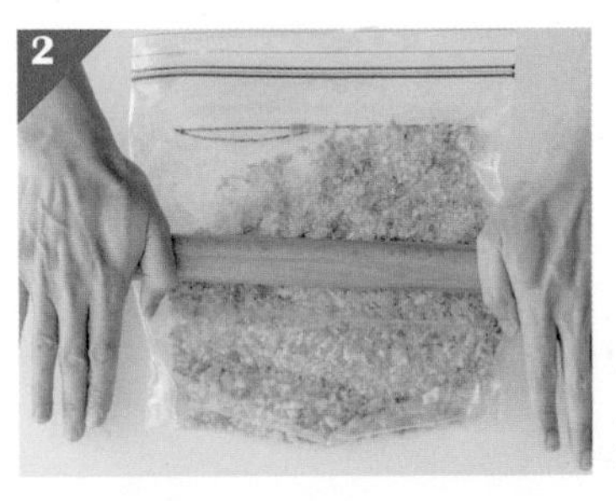

用擀麵棍反覆碾壓，將餅乾仔細地壓成粉碎。

把做法 **2** 倒入盆中，加入融化奶油，用橡膠刮刀翻拌混合。

加入牛奶。

將材料翻拌均勻。

在模具底部鋪上烘焙紙或保鮮膜，將做法 **5** 倒入模內，用湯匙壓實、壓平。

Point

為了做出不易碎裂的塔皮，記得要用力壓實。

放入冰箱冷藏，等奶油凝固後脫模。

大功告成！

避免塔皮變濕軟的小訣竅

雖然甜塔在完成的第二天，塔皮和內餡的風味更融合，吃起來也很美味，但若希望能更延長塔皮剛做好時的酥脆口感，不妨試試塗上巧克力。

此外，由於內餡容易讓塔皮變得濕軟，我也很建議大家用這個方法來避免這個問題。如果想要減輕吃甜食的罪惡感，可以改塗低溫下會凝固的椰子油，這樣就能延長塔皮酥脆的口感了。

要準備這些東西！

巧克力（白巧克力、牛奶巧克力或黑巧克力都 OK）20 克

沙拉油等植物油 1 ～ 2 克

避免塔皮變濕軟的訣竅

1

將大略切碎的巧克力放進耐熱容器中，用微波爐以 600W 分多次加熱，每次加熱 15 秒，直到巧克力完全融化。

Point

觀察巧克力的狀態並分次加熱，每次 15 秒，一邊攪拌一邊融化巧克力。

2

將植物油倒入融化的巧克力中，攪拌混合。

3

用刷子將巧克力塗在已經冷卻的塔皮上。

4

塗滿整片塔皮，放入冰箱讓巧克力冷卻凝固。

PART 2-1
製作鮮奶油類的內餡

La Crème Montée

La Crème Montée

香緹鮮奶油

甜桃塔參照 p.56

特色

- 和把糖加入一般鮮奶油中，用攪拌器或均質機打發的「打發鮮奶油」一樣。
- 可以用在所有甜塔上！

製作時的重點和訣竅

- 選用植物性鮮奶油製作，打發會更穩定，比較不容易打發過頭。
- 如果溫度太高，很容易打發過頭，導致鮮奶油油水分離，所以最好使用先冰過的鋼盆，或是在打發用的鋼盆下，墊一盆加了冰塊的盆子，一邊冷卻一邊打發。

適合搭配的材料

- 跟任何水果都很搭。

材料

鮮奶油 150 克
砂糖 20 ～ 25 克
馬斯卡彭起司 70 克

※ 如果使用的鮮奶油乳脂肪含量超過 38%，可以將鮮奶油量改成 220 克，省略馬斯卡彭起司。

香緹鮮奶油的做法

1 把盆子放入加了冰塊的盆子中，然好倒入鮮奶油、砂糖。

2 一邊冷卻盆子，一邊用攪拌器打發鮮奶油。

Point
在這個步驟約打到6～7分發。

3 加入馬斯卡彭起司，充分攪拌混合。

Point
在鮮奶油中加入馬斯卡彭起司，鮮奶油會更扎實，也較不容易出水。不過要注意若改用奶油起司，就無法做出同樣的扎實感。

4 用攪拌器繼續打發，到能夠拉出柔軟的尖角。

Point
打到約8分發，大概是用攪拌器舀起時會呈現柔軟的尖角狀，然後尖角會往下垂的程度。

大功告成！

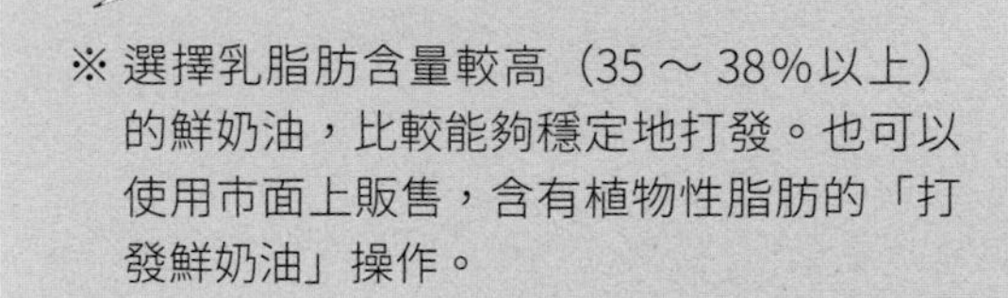

※ 選擇乳脂肪含量較高（35～38%以上）的鮮奶油，比較能夠穩定地打發。也可以使用市面上販售，含有植物性脂肪的「打發鮮奶油」操作。

La Crème Montée

白巧克力香緹

推薦使用的甜塔

芒果百香果塔
參照 p.62

特色

・將白巧克力融入鮮奶油（乳化）後再打發，也有人稱爲打發白巧克力甘納許。

製作時的重點和訣竅

・要將巧克力和鮮奶油仔細攪拌均勻。
・如果有均質機，以此機器操作爲佳，但用一般電動攪拌器仔細攪拌也能打發。
・使用動物性鮮奶油。

適合搭配的材料

・跟任何水果都很搭。

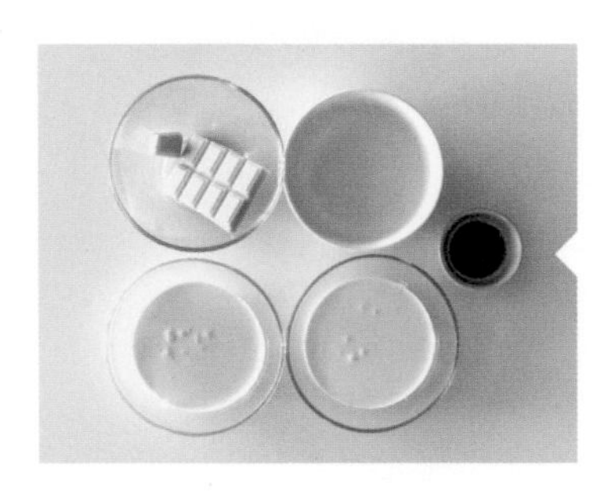

材料

A ┌ 鮮奶油（乳脂肪含量 35%）100 克
  └ 白巧克力 45 克
┌ 吉利丁粉 2 克
└ 水 10 克
鮮奶油 (乳脂肪含量 35%)100 克
香草精 2 小匙 (或是香草精油數滴)

事前準備

・吉利丁粉加水，靜置一下使其膨脹。

白巧克力香緹的做法

1

將白巧克力切成碎片。

2

把材料 **A** 的鮮奶油倒入鍋中，加熱到快要沸騰。

3

將做法 **1** 放入較小的容器中，然後把做法 **2** 倒入。

4

用均質機將做法 **3** 充分乳化。

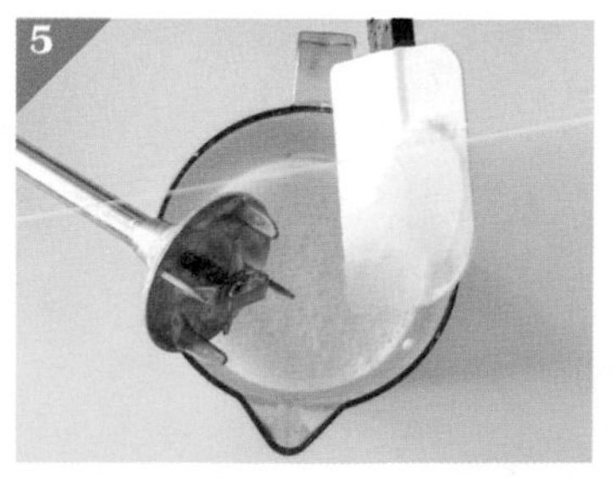
5

加入事先泡至膨脹的吉利丁，用均質機攪拌。

6

一邊用均質機攪拌，一邊加入冰涼的鮮奶油。

7

加入香草精後仔細拌勻，冷藏4小時～一晚，充分冰透材料。

8

將做法 **7** 倒入盆中，改用電動攪拌器打發。

9

Point

注意不要打發過頭，以免導致油水分離！

大功告成！

La Crème Montée

打發巧克力甘納許

巧克力覆盆莓塔
參照 p.64

特色

- 將巧克力融入鮮奶油（乳化）後製成的是巧克力甘納許。這裡是將巧克力甘納許打發後使用。

製作時的重點和訣竅

- 要將巧克力和鮮奶油充分拌勻（乳化）。
- 如果有均質機，以此機器操作爲佳，但用一般電動攪拌器仔細攪拌也能打發。
- 使用動物性鮮奶油。

適合搭配的材料

- 特別適合搭配覆盆莓、其他莓果類、香蕉、柑橘類、百香果等酸味較明顯的水果。

材料

A ┌ 鮮奶油（乳脂肪含量 30 ～ 38%）120 克
   └ 砂糖 15 ～ 25 克

※ 使用可可含量較高的巧克力時，就要用較多砂糖。

黑巧克力（可可含量 52 ～ 56%）100 克
鮮奶油（乳脂肪含量 30 ～ 38%）150 克

打發巧克力甘納許的做法

將巧克力切碎。

把材料**A**的鮮奶油、砂糖倒入鍋中，加熱到約 80℃。

將巧克力也加入做法 **2** 的鍋中。

用電動攪拌器攪拌混合。

為了防止鮮奶油和巧克力加熱攪拌後分離，勿使用植物性鮮奶油！

攪拌均勻後，加入冰涼的鮮奶油。

用均質機或電動攪拌器充分拌勻（乳化）。

雖然也可以使用電動攪拌器，但盡可能用均質機操作。

將材料移到盆中，放進冰箱冷藏至少 6 小時。

取出做法 **7**，用電動攪拌器打發。

Point

甘納許過度打發的話，就不適合用擠花袋擠出，所以要保留適當的柔軟度。

大功告成！

La Crème Montée

豆漿優格餡

不含乳製品的火龍果塔
參照 p.68

特色

・是把豆漿優格的水分瀝乾，讓植物油乳化後製成的內餡。

製作時的重點和訣竅

・先將豆漿優格放在濾網上，花一個晚上瀝除多餘的水分。

適合搭配的材料

・跟任何水果都很搭。

材 料

瀝除水分的豆漿優格
（做法參照 p.29 的事前準備）150 克
可依個人喜好加入砂糖 25 克
椰子油（無添加香料）40 克
香草精 1 小匙（或是香草精油數滴）

豆漿優格餡的做法

事前準備

- 將豆漿優格放在鋪放乾淨紗布或餐巾紙的濾網上，放置一晚瀝乾水分。400 克的豆漿優格瀝乾水分後約爲 250 克。
- 這種內餡容易變很軟，所以要將豆漿優格放置一晚，徹底瀝乾水分。此外，椰子油具有低溫下凝固的特性，只要冷藏，就能使內餡稍微變硬。

瀝乾水分的優格放入盆子中，加入砂糖。

用攪拌器仔細攪拌，讓砂糖溶解。

加入椰子油。

充分攪拌混合。

加入香草精，可以增添香氣。

大功告成！

這種內餡很容易使塔皮變得濕軟，所以要事先在塔皮上塗一層巧克力，再填入內餡（參照 p.20）。

La Crème Montée

奶油起司
蜂蜜檸檬鮮奶油

無花果塔參照 p.70

特色

・在奶油起司中混入鮮奶油、蜂蜜、檸檬汁後製成的內餡。

製作時的重點和訣竅

・在奶油起司或鮮奶油中加入檸檬汁會變硬，所以要避免過度打發。

適合搭配的材料

・跟任何水果都很搭。

材料

奶油起司 150 克
蜂蜜 50 克
鮮奶油（乳脂肪含量 35%）150 克
檸檬汁 20 克

奶油起司蜂蜜檸檬鮮奶油的做法

將奶油起司放入盆裡，用 600W 的微波爐加熱約 1 分鐘後，以橡膠刮刀均勻攪拌，讓奶油起司軟化。

將蜂蜜加入做法 **1** 中攪拌混合。

Point

要仔細攪拌到蜂蜜完全混合。

把鮮奶油倒入另一個盆中，加入檸檬汁，然後用攪拌器打發。

Point

不要打發過頭，攪打到約 6 ～ 7 分發即可。

把做法 **2** 加入做法 **3** 中攪拌混合。

大功告成！

關於蜂蜜

蜂蜜比同分量的砂糖更甜、熱量更低，而且相較於精製砂糖，蜂蜜中含有更多營養成分。以同樣 100 克所含的熱量比較，蜂蜜是 392 大卡，砂糖（上白糖）是 391 大卡。此外，蜂蜜只要用砂糖的一半～ 1/3 的量，就能得到同樣的甜度。

由於蜂蜜和起司、檸檬的風味都很搭，用來製作甜點內餡更美味。不過，因爲蜂蜜的甜味很強烈，使用時要特別注意分量。

關於製作甜塔的法國水果

水果是製作甜塔不可或缺的食材。將色彩繽紛的各種水果像寶石一樣鑲嵌在甜塔的基底上，就能做出美麗的甜塔。這裡要爲大家介紹法國市場上常見的、很適合用來製作甜塔的水果。大家也可以選用能輕鬆買到或自己喜歡的水果，挑戰製作甜塔吧！

西洋梨有很多品種。先放一段時間，待熟透變軟香氣更濃郁再吃。

黑色薄皮的無花果是秋季的代表性水果。

法國整年都產草莓。照片中的是瑪哈草莓（Mara des Bois）。

照片中的栗子是 La Châtaigne，雖然也可以用 Marron 稱呼這種栗子，但有時特意用 La Châtaigne，以和帶殼的日本栗子區別。此外，Marronnier（七葉樹，又稱馬栗）的果實也叫 Marron，但不能食用。

蘋果全年都有販售，且有許多不同品種。

在法國，過了 10 月便會有大量西班牙產的柿子在市面販售。柿子在法文和日文都叫 Kaki。超市販售的柿子大多數即便有點硬，但吃起來不會有澀味，可是蔬果店販售的柿子，常常還有澀味。這種有澀味的柿子要放幾天，等到變得很軟之後才能食用。

在蔬果店買柿子時，最好先向店家詢問「這柿子還澀不澀？是不是要放幾天，等熟透了之後才能吃？」等問題再購買。

陳列在蔬果店內的眾多水果。

PART 2-2
製作卡士達醬類的內餡

卡士達醬
類的內餡

La Crème Pâtissière

La Crème Pâtissière

卡士達醬

草莓塔參照 p.76

特色

・在蛋黃中加入砂糖、粉類和牛奶等材料，加熱成奶油狀的內餡。

製作時的重點和訣竅

・要確實加熱到澱粉產生破裂黏度的現象（即加熱而變黏稠的卡士達醬持續加熱，使其黏性消失，突然變得柔軟滑順的現象）。

・由於確實加熱後的卡士達醬質地偏軟，加入吉利丁可以讓卡士達醬在填入塔皮時，不容易流動。

適合搭配的材料

・跟任何水果都很搭。

材料

- 吉利丁粉 3 克
- 水 15 克

牛奶 250 克
砂糖 55 克
蛋黃 3 個
玉米粉 12 克
麵粉 12 克
無鹽奶油 25 克
香草精 2 小匙（或是香草精油數滴）

卡士達醬的做法

先將吉利丁粉加水，靜置一下使其膨脹。

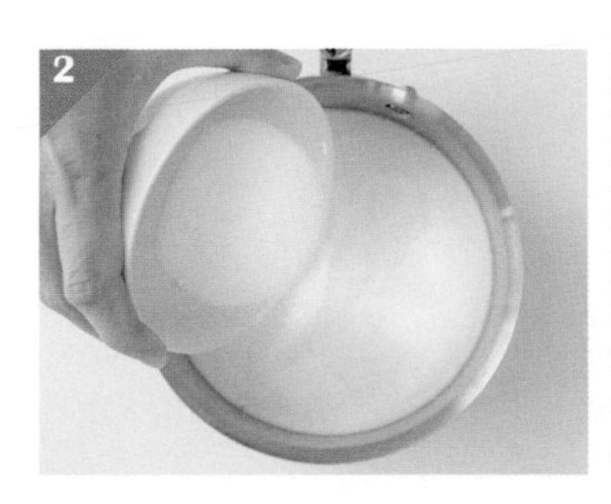

將牛奶倒入鍋中，加入一半的砂糖，並使砂糖能平均沉澱在整個鍋底，不要攪拌牛奶讓砂糖溶解（讓砂糖沉澱在鍋底，牛奶中所含的蛋白質才不會黏在鍋底）。

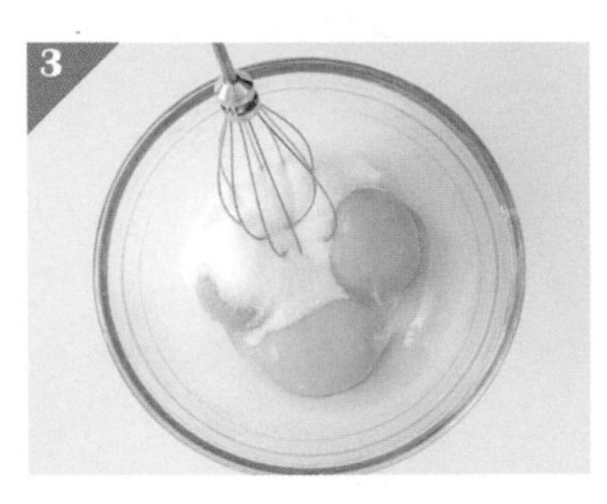

在盆中放入剩下的砂糖和蛋黃，用攪拌器攪拌混合。

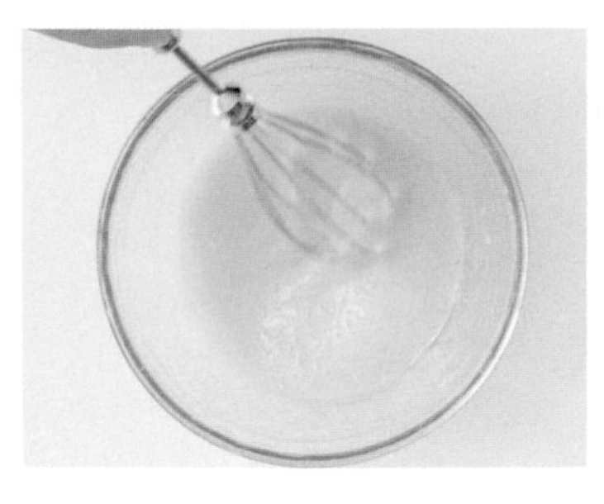

Point

確實攪拌到稍微泛白、顏色變淡。

加入各種粉類攪拌。

Point

攪拌到完全沒有粉狀物殘留（沒有粉氣）為止。

將做法 **2** 的牛奶加熱到 約 80℃。

將做法 **4** 加入做法 **5** 中攪拌混合。

將做法 **6** 用濾網過篩，然後倒回鍋裡。

讓火力維持在中火到中小火之間，一邊用攪拌器快速攪拌，一邊加熱。

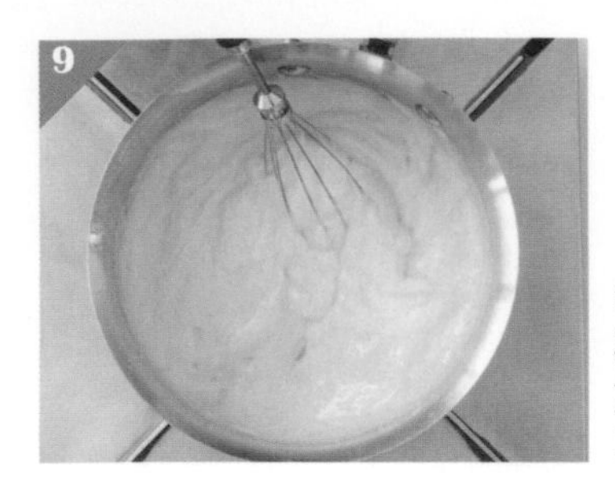

等材料加熱至開始凝固，繼續攪拌並加熱大約 30 秒～1 分鐘。

注意！這個步驟是左右卡士達醬風味的重要關鍵！如果沒有確實加熱，完成的卡士達醬口感會粉粉的。

當鍋中的卡士達醬漸漸變軟、具有光澤，呈柔軟滑順的濃稠奶油狀時，表示材料已充分加熱，熄火。

繼續攪拌，同時放入冰涼的奶油。

因為加入了奶油，可以避免卡士達醬結塊。

加入事先泡至膨脹的吉利丁。

加入吉利丁可以避免完成後的卡士達醬太容易流動。

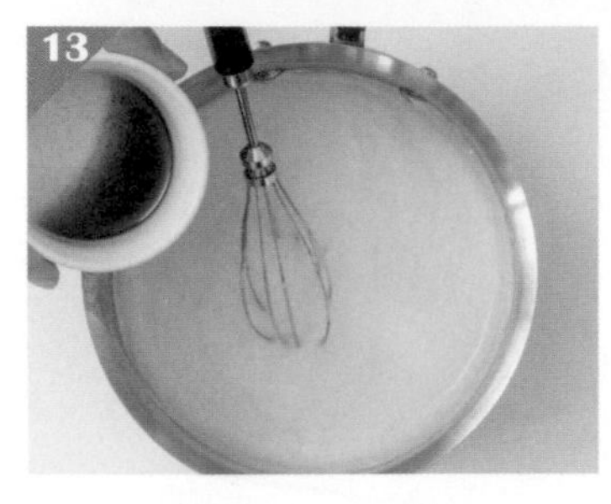

加入香草精後攪拌混合。

Point

如果是用香草精油，只要滴幾滴的量即可，不要加太多。

在料理盤上鋪上保鮮膜，將做法 **13** 的卡士達醬倒入盤中。

上面也緊密地鋪上保鮮膜（貼著卡士達醬表面）。

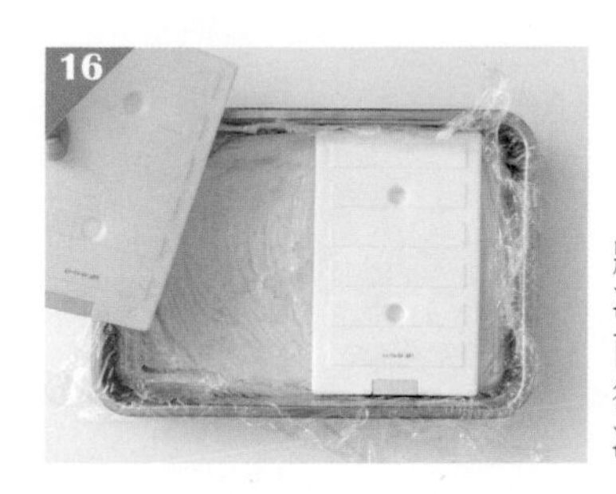

16 將保冷劑或是裝了冰塊的袋子放在上面，使卡士達醬冷卻，然後直接放入冰箱。

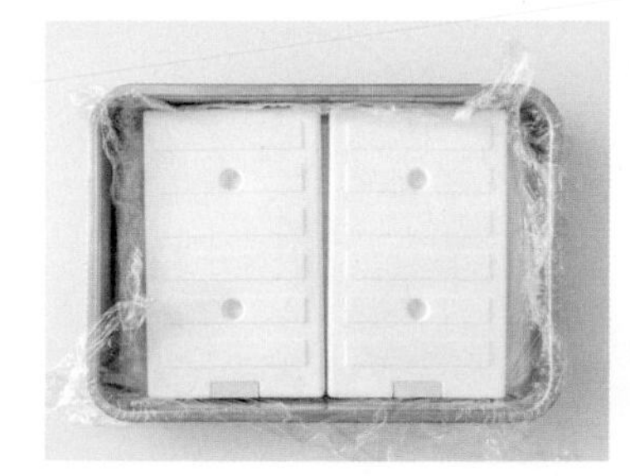

Point
想讓卡士達醬加速冷卻，可以用保冷劑，放入冰箱冷藏 15 ～ 20 分鐘。如果沒有保冷劑，就要冰到卡士達醬充分冷卻。

17 冷卻後撕除保鮮膜，將卡士達醬移到較小的盆中。

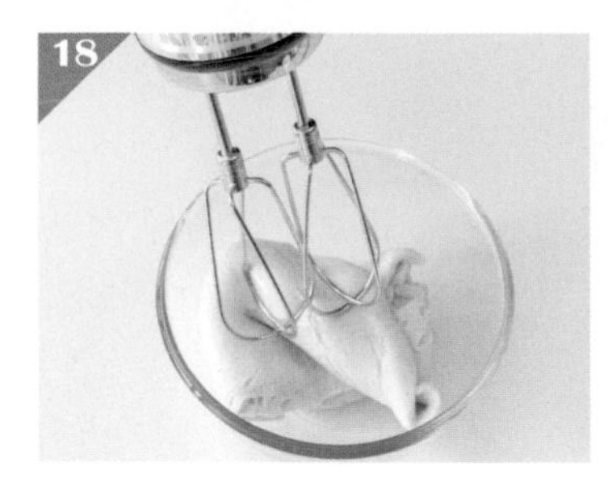

18 因為需要施力，最好使用電動攪拌器，將卡士達醬攪拌到變得柔軟滑順為止。

Point
卡士達醬冰透後會變硬，所以要先攪拌到變軟後再用。

大功告成！

Point
如果完成的卡士達醬因溫度上升而變得太軟，就再放入冰箱，調整至不會流動的程度。

製作卡士達醬的訣竅「破裂黏度現象」

製作卡士達醬的訣竅在於，材料沸騰後也不要馬上熄火，繼續一邊攪拌一邊加熱。這樣做有以下 2 個理由：

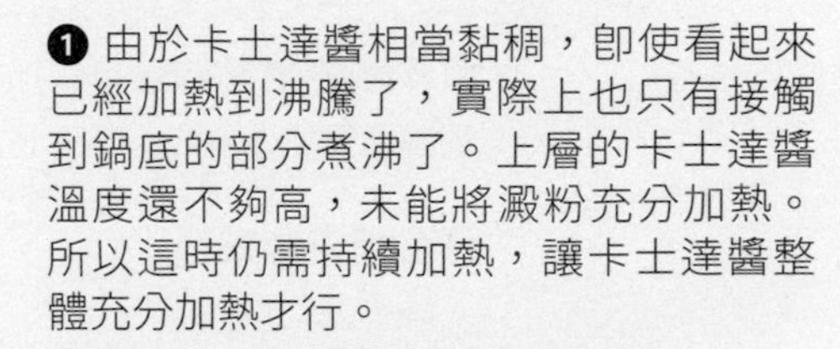

❶ 由於卡士達醬相當黏稠，即使看起來已經加熱到沸騰了，實際上也只有接觸到鍋底的部分煮沸了。上層的卡士達醬溫度還不夠高，未能將澱粉充分加熱。所以這時仍需持續加熱，讓卡士達醬整體充分加熱才行。

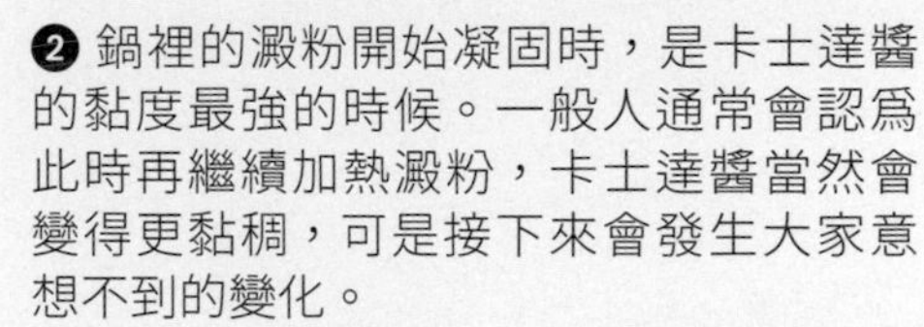

❷ 鍋裡的澱粉開始凝固時，是卡士達醬的黏度最強的時候。一般人通常會認爲此時再繼續加熱澱粉，卡士達醬當然會變得更黏稠，可是接下來會發生大家意想不到的變化。

讓卡士達醬維持在 95°C 以上繼續加熱後，黏性反而會降低，從黏稠的奶油餡變成柔滑的奶油餡，這就是「破裂黏度現象」，是澱粉具有的特質。要是沒有煮到引發破裂黏度現象就熄火，卡士達醬在冷卻後會變得很黏稠，口感過硬。而且不管怎麼攪拌都不會變得柔順有光澤，口感粉粉的。

所以一定要持續攪拌並加熱到卡士達醬的黏度下降，引發澱粉的破裂黏度現象，才是做出美味卡士達醬的不二法門。

La Crème Pâtissière

植物奶卡士達醬

不含乳製品的綠葡萄塔
參照 p.78

特色

・將粉類加入植物奶中加熱，製成奶油狀的內餡。

製作時的重點和訣竅

・要確實加熱到澱粉發生破裂黏度現象（參照 p.37 的說明）。

適合搭配的材料

・跟任何水果都很搭。

材料

杏仁奶 250 克
砂糖 50 克
洋菜粉 2 克
麵粉 15 克
玉米粉 15 克
椰子油 20 克
香草精 2 小匙 (或是香草精油數滴)

※ 洋菜粉是從海藻等原料中提煉出來的植物性凝固劑。日本有販售各式各樣的洋菜粉。由於每種洋菜粉的原料和配方不同，因此能凝固的液體量也有落差。本食譜中使用的洋菜粉，推薦比例是 1 公升液體：4 克洋菜粉。

植物奶卡士達醬的做法

〈注意事項〉

- 可以用豆漿、燕麥奶、椰奶取代杏仁奶。
- 可以用葡萄籽油、冷壓白芝麻油等植物油取代椰子油。
- 可以用太白粉取代玉米粉。

將砂糖和洋菜粉攪拌混合。

Point

洋菜粉和吉利丁都是凝固劑。可以讓做好的奶油餡維持不易流動的狀態。

加入麵粉、玉米粉，用攪拌器攪拌混合。

Point

洋菜粉很難在液體中散開，所以要混在其他材料中一起使用。

將杏仁奶倒入鍋中，加熱到 60 ～ 80℃。

將做法 **3** 倒入做法 **2** 中攪拌混合。

把做法 **4** 倒回鍋中，控制在中火到中小火，一邊用攪拌器迅速攪拌，一邊加熱。

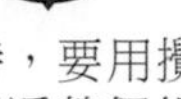

攪拌時，要用攪拌器擦底攪遍整個鍋底！

這裡是很重要的關鍵！要注意如果沒有確實加熱，做出的奶油餡口感會粉粉的，或是洋菜粉未完全溶解。

等醬加熱到變黏稠後，繼續攪拌並加熱 30 秒～ 1 分鐘。

植物奶卡士達醬充分加熱後會慢慢變柔滑，變成帶有光澤的奶油餡。煮到這種程度後即可熄火。

加入椰子油，仔細攪拌混合。

加入香草精，再用攪拌器仔細攪拌。

在料理盤上鋪上保鮮膜，將做法 **9** 倒入盤中，上面也緊密地鋪上保鮮膜（貼著卡士達醬表面）。

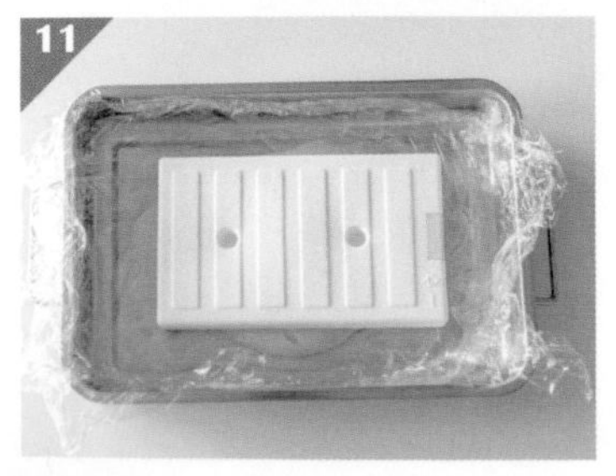

將保冷劑或是裝了冰塊的袋子放在上面，使奶油餡冷卻，放進冰箱冷藏 15 ～ 20 分鐘。

冷卻後移到較小的盆中，仔細攪拌到奶油餡柔軟滑順。

Point

這個步驟比較費力，建議使用電動攪拌器操作。

Point

植物奶卡士達醬冰冷後會變硬，但確實攪拌後會變得柔軟滑順。

大功告成！

Point

如果完成後的植物奶卡士達醬因為溫度上升而變得太軟，可再放入冰箱，冷藏至不會流動的程度。

La Crème Pâtissière

慕斯琳奶油餡

莓果塔參照 p.80

特色

- 將卡士達醬與奶油混合後製成的內餡，是卡士達醬的應用版。
- 法國的甜點店經常會用這種奶油餡製作莓果類的甜塔。

製作時的重點和訣竅

- 控制卡士達醬和軟膏狀的奶油溫度一致，然後攪拌混合。

適合搭配的材料

- 跟任何水果都很搭。

材 料

牛奶 180 克
砂糖 50 克
蛋黃 2 個
麵粉 11 克
玉米粉 11 克
冰的無鹽奶油 25 克
香草精 2 小匙（或是香草精油數滴）
回復到常溫的無鹽奶油 50 克

慕斯琳奶油餡的做法

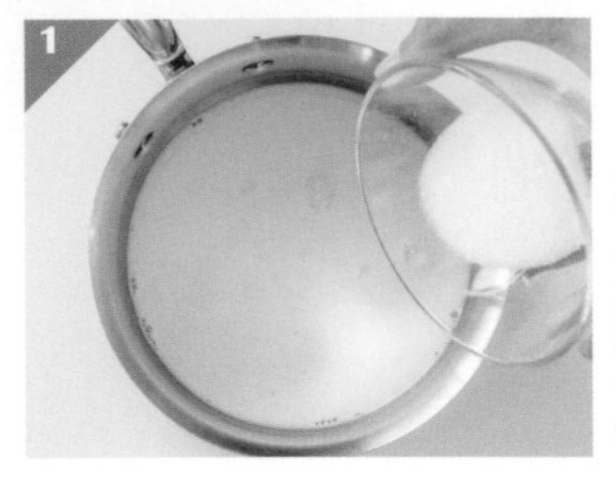

將牛奶倒入鍋中，加入一半的砂糖，並使砂糖能平均沉澱在整個鍋底。注意這裡不要讓砂糖溶解。

在盆中放入剩下的砂糖和蛋黃，用攪拌器攪拌到稍微泛白、顏色變淡。

將各種粉類加入做法 **2** 中，用攪拌器攪拌。

將加熱到約 80℃ 的做法 **1** 倒入盆中，用攪拌器攪拌混合。

將做法 **4** 用濾網篩過，倒回鍋裡。

維持中火或中小火，一邊用攪拌器攪拌一邊加熱，攪拌器要抵到鍋底，擦底攪遍整個鍋底。

等材料加熱至開始凝固，繼續攪拌並加熱 30 秒～ 1 分鐘。

這個步驟是左右卡士達醬風味的重要關鍵！如果沒有確實加熱，完成的卡士達醬口感會粉粉的。

當鍋中的卡士達醬漸漸變軟、具有光澤，呈柔軟滑順的濃稠奶油狀時，表示材料已充分加熱，熄火。

繼續攪拌，同時放入冰涼的奶油。

雖然之後的步驟也要放入奶油，但這時先放入，在做法 **15** 時，比較不會結塊。

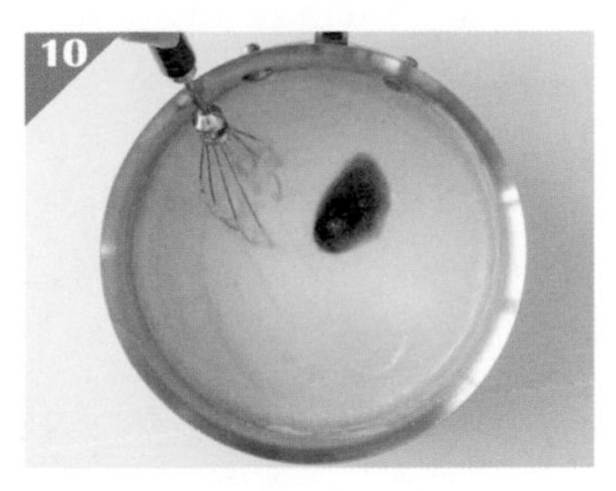

加入香草精後攪拌混合。

在料理盤上鋪上保鮮膜，將卡士達醬倒入盤中。

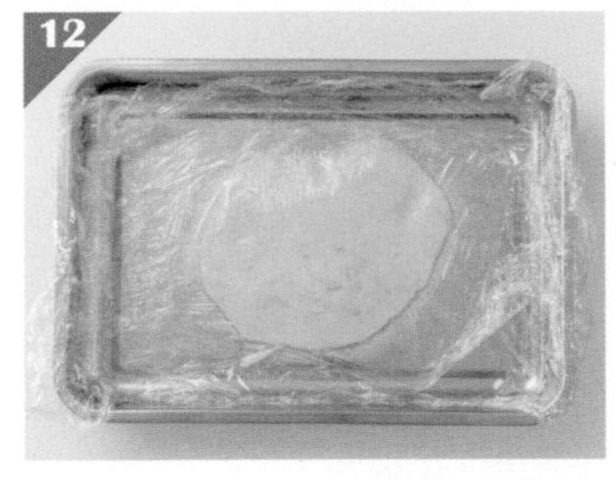

上面也緊密地鋪上保鮮膜（貼著卡士達醬表面）。

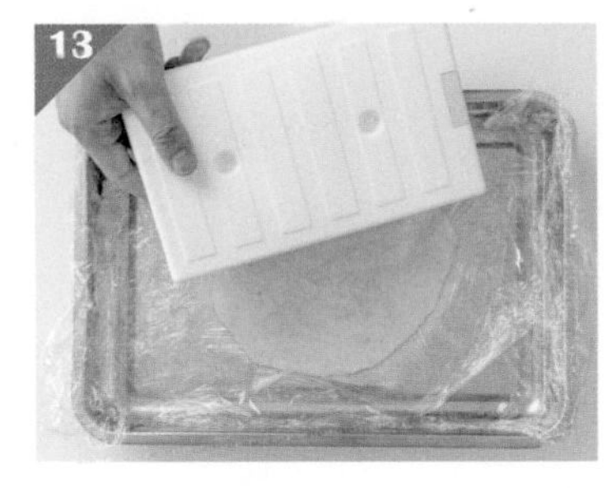

將保冷劑或是裝了冰塊的袋子放在上面，使卡士達醬冷卻，直接放入冰箱冷藏15～20分鐘。

等卡士達醬冷卻到常溫，移到較小的盆裡，用電動攪拌器仔細攪拌，使醬變得柔軟滑順。

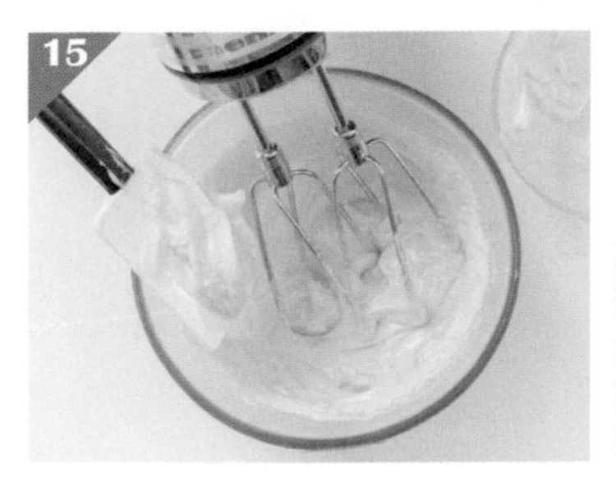

加入回復到常溫的奶油後攪拌混合。最好將卡士達醬和奶油都控制在約23℃再攪拌。

Point

冰冷的卡士達醬奶油會凝固，看起來很像和卡士達醬分離了，但只要以600W的微波爐加熱約5秒，溫度上升再攪拌，就能做出柔順的奶油餡。

將奶油餡放入冰箱降溫，調整成方便使用，不易流動的硬度。

大功告成！

La Crème Pâtissière

鮮奶油卡士達醬

香蕉塔參照 p.82

特色

・將卡士達醬和香緹鮮奶油混合製成的內餡。

・是卡士達醬的應用版。

製作時的重點和訣竅

・這種奶油餡容易變得過軟，要使用充分打發後的鮮奶油。香緹鮮奶油在與卡士達醬混合時，注意不要過度攪拌。

適合搭配的材料

・跟任何水果都很搭。

材料

〈卡士達醬〉

吉利丁粉 2 克
水 10 克
牛奶 125 克
砂糖 27 克
蛋黃 2 個
玉米粉 6 克
麵粉 6 克
無鹽奶油 12 克
香草精 1 小匙
（或是香草精油數滴）

〈香緹鮮奶油〉

鮮奶油
（乳脂肪含量 30 ～ 35%）40 克
砂糖 10 克
馬斯卡彭起司 40 克

※ 如果使用的鮮奶油乳脂肪含量超過 38%，可以將鮮奶油量改成 80 克，省略馬斯卡彭起司。

鮮奶油卡士達醬的做法

首先**製作卡士達醬**。先將吉利丁粉加水，靜置一下使其膨脹。

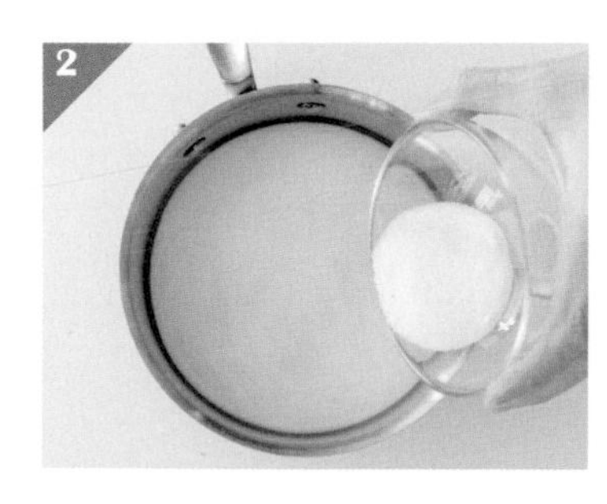

將牛奶倒入鍋中，加入一半的砂糖，並使砂糖能平均沉澱在整個鍋底。

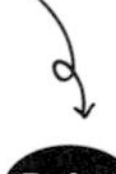

不要攪拌牛奶讓砂糖溶解。讓砂糖沉澱在鍋底，牛奶中所含的蛋白質才不會黏在鍋底。

在盆中放入剩下的砂糖和蛋黃，用攪拌器攪拌到稍微泛白、顏色變淡。

加入各種粉類，然後攪拌。

將牛奶加熱到約80℃。

將做法**4**加入做法**5**中，用攪拌器攪拌混合。

用濾網篩過，然後倒回鍋裡。

維持在中火或中小火，一邊用攪拌器快速攪拌，一邊持續加熱。

等材料加熱至開始凝固，繼續攪拌並加熱30秒～1分鐘。

如果沒有確實加熱，會做出口感粉粉的卡士達醬。

當鍋中的卡士達醬漸漸變軟、具有光澤，呈柔軟滑順的濃稠奶油狀時，表示材料已充分加熱，熄火。

一邊攪拌，一邊放入冰涼的奶油、香草精、泡至膨脹的吉利丁，攪拌混合。

在料理盤上鋪上保鮮膜，將卡士達醬倒入盤中，上面也緊密地鋪上保鮮膜。

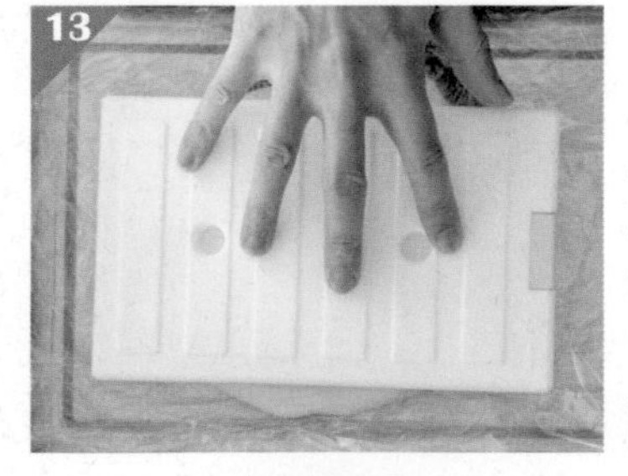

放入冰箱確實冷卻。若是將保冷劑或是裝了冰塊的袋子放在上面，只要冰 15 ～ 20 分鐘即可。

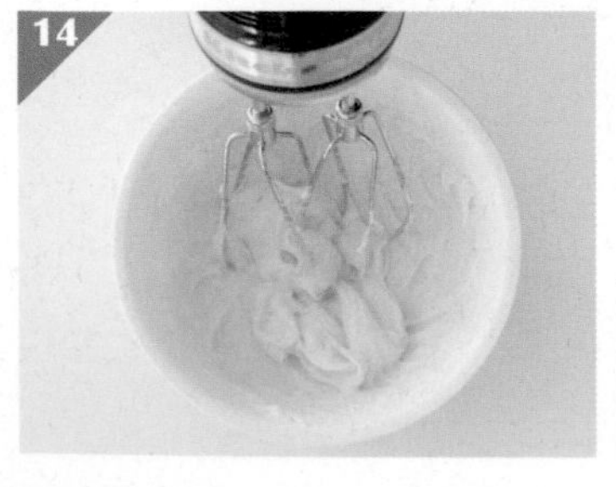

卡士達醬冷卻後移入盆中，用電動攪拌器將卡士達醬攪拌到變得柔軟滑順為止。

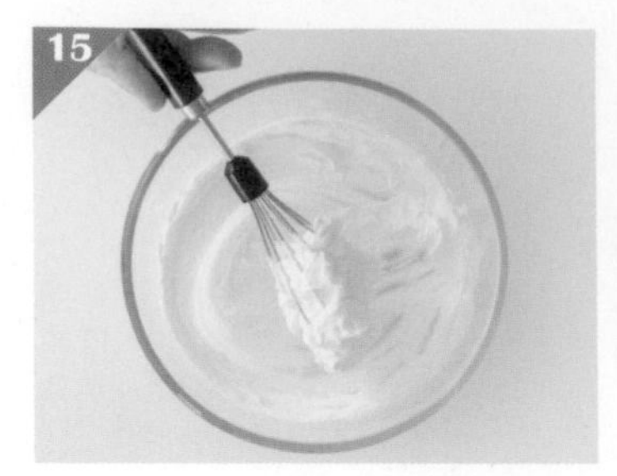

接著**製作香緹鮮奶油**。在盆中放入鮮奶油和砂糖，攪打至 6 ～ 7 分發，加入馬斯卡彭起司，確實打發。

Point

由於鮮奶油卡士達醬容易變得很軟，所以這時要確實打發到鮮奶油變得硬挺。

將做法 **14** 卡士達醬、做法 **15** 香緹鮮奶油，以塑膠刮刀攪拌混合。

Point

如果過度攪拌，完成的奶油餡會很濕軟，所以切勿攪拌過頭！

大功告成！

PART 2-3
製作其他種類的內餡

其他種類
的內餡

Autre

Autre

杏仁奶油餡

柿子洋梨塔參照 p.88

特色

- 將同樣分量的奶油、砂糖、蛋、杏仁粉混合而成的奶油餡。
- 要用烤箱烤過。

製作時的重點和訣竅

- 要讓所有材料回復到常溫狀態，再使其乳化。
- 烤杏仁奶油餡時易沾黏在模具上，所以最好在模具裡鋪上烘焙紙，讓奶油餡不會接觸到模具。

適合搭配的材料

- 可以當作所有甜塔的基底。
- 跟任何水果都很搭。

材料

無鹽奶油 50 克
砂糖 50 克
全蛋 1 個
杏仁粉 50 克

事前準備

- 讓奶油、蛋回復到常溫狀態

杏仁奶油餡的做法

將蛋打入盆內，用叉子攪拌。

Point

用要切開蛋白的感覺攪拌。

用攪拌器把奶油攪軟。

將砂糖加入做法 **2** 中攪拌。

充分攪拌到材料變得柔軟滑順為止。

將打散的蛋液分三次加入做法 **4** 中，仔細攪拌混合。

Point

仔細攪拌，讓材料乳化。

加入杏仁粉，仔細攪拌。

用攪拌器攪到沒有粉氣、滑順為止。

大功告成！

如果要分幾天使用，可以放入冰箱冷藏或冷凍。不管冷藏或冷凍，使用前都要先讓餡料回到常溫再操作。

Autre

果漬醬

甜桃果漬醬奶酥塔
參照 p.90

特色

- 類似砂糖分量較少的果醬。

製作時的重點和訣竅

- 要將水果熬煮到水分收乾，變成果醬狀。

適合搭配的材料

- 凡是能用來製成果醬的水果都可以。

材料

水果 300 克
(照片中的是甜桃，可以改用任何能製作果漬醬的水果。)
砂糖 60 克
檸檬汁 1/2 個 (20 ～ 25 克)

※ 砂糖和檸檬汁的分量可依使用水果的甜度，以及個人喜好調整。

果漬醬的做法

將水果切成適當的大小。

把做法**1**放入鍋中，加入砂糖。

擠壓檸檬，加入檸檬汁。

將做法**3**放到爐上加熱，煮至沸騰後轉小火。

水果加了砂糖之後不會立刻出水，所以要用非常弱的火力加熱。等到水果出水後，再轉為小火～中火熬煮。

熬煮約 30 分鐘，直到水分收乾。

Point

要熬煮到用橡膠刮刀刮過去，可以看到鍋底的程度。

大功告成！

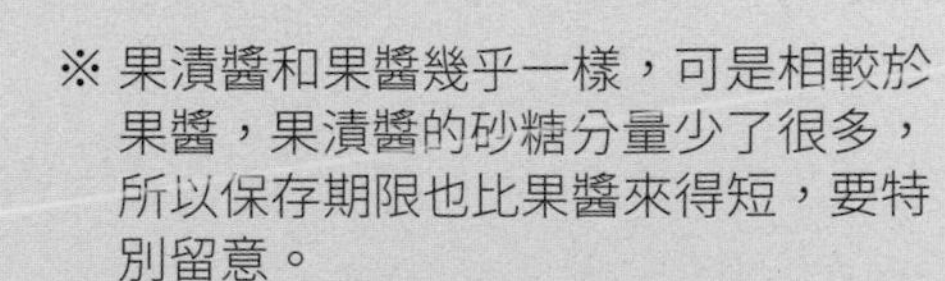

※ 果漬醬和果醬幾乎一樣，可是相較於果醬，果漬醬的砂糖分量少了很多，所以保存期限也比果醬來得短，要特別留意。

※ 可以拿不適合直接裝飾在甜塔上的水果、裝飾後剩下的水果邊角，或是冷凍水果製作果漬醬。平日吃不完的水果，也推薦大家做成果漬醬後冷凍保存。

果泥、果漬醬、果醬的差別

在法國，果泥（Compote）是指將水果燉煮到軟爛、失去原形的泥狀後製成的食物。將蔬菜燉煮成泥狀的食物，也稱爲果泥。有時煮完後，還會用果汁機再攪打得更細。

然而在日本，「Compote」就不是指果泥，而是指將水果浸泡在糖漿裡燉煮，煮後仍留有水果原形的製品。只不過這樣的食物，在法國都叫做糖漬水果。

另一種果漬醬，是將水果燉煮到軟爛，但就算煮到失去原形，也不會特地用果汁機打成泥，仍留有一些水果塊和顆粒的狀態。基本上，果漬醬使用的砂糖量比果醬來得少，而且比較不注重是否添加砂糖，就算沒有添加砂糖，也一樣能稱爲果漬醬。本書中有把果漬醬用在甜塔的內餡，當你手邊有很多當季水果時，建議先製作保存，想製作甜塔時便能派上用場，非常方便。

而果醬（Configure），是指加入了水果量45%以上的砂糖熬煮後的製品。其實法國的果醬種類分得很細，也有許多果醬專賣店。在法國，用初秋代表性水果，屬於歐洲李的黃香李製成的果醬，非常受歡迎。

由於果醬是加入大量砂糖熬煮而成，較長的保存期限是一大特點。大家可以試著用自己喜歡的當季水果製作，保存備用。除了塗在麵包、可麗餅上，也可以搭配優格，或是加入紅茶中，用不同的方式享用果醬。

裝入果醬瓶裡保存的自製甜桃果漬醬，裡面還有水果塊或顆粒。

店裡陳列著種類多到數不清的果醬，琳瑯滿目。

在法國最常見的，就是黃香李製成的果醬。

PART 3
放上材料完成甜塔

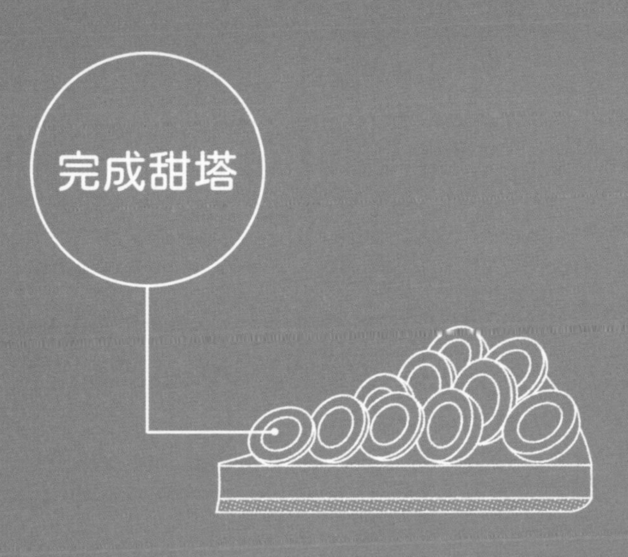

Montage et Finition

1

Tart
甜桃塔

2
Tart
美國櫻桃塔

1

Tart

甜桃塔

這是將皮薄且表面沒有細毛的甜桃切成薄片，排列在塔上的甜塔。
甜桃屬於桃的變種，是薔薇科的水果，跟日本的白桃相比，果肉比較扎實。
由於帶有酸味，製作時會塗一些果醬在香緹鮮奶油上，增加一點甜味。

塔皮
基本塔皮（參照 p.16）

內餡
香緹鮮奶油（參照 p.22）

材料（直徑 18 公分的塔 1 個）

基本塔皮（參照 p.16）1 片
香緹鮮奶油（參照 p.22）全量
甜桃 8 ～ 10 顆
柑橘類果醬 50 克

事前準備

・希望第二天還能享用酥脆的塔皮時，可以事先在塔皮表面塗上白巧克力（參照 p.20）。

組合甜塔的做法

1

用湯匙取香緹鮮奶油，塗抹在塔皮上。

Point

用湯匙沿著塔皮表面塗抹。

2

將果醬塗在做法 **1** 上，放入冰箱冷藏備用。

Point

用抹刀均勻地抹開果醬。

3

切下甜桃果肉塊，再將果肉塊切成薄片。

Point

種子周圍的果肉、切剩的邊角可以直接吃掉，或是用來製作果醬。

4

將剛才切成薄片的果肉疊放在砧板上，等一下可以直接放在甜塔上。

5

將果肉從外側向內側，先緊密地排滿整個塔面。

6

將切成薄片的果肉捲成漩渦狀（螺旋狀），放在甜塔的中間。

大功告成！

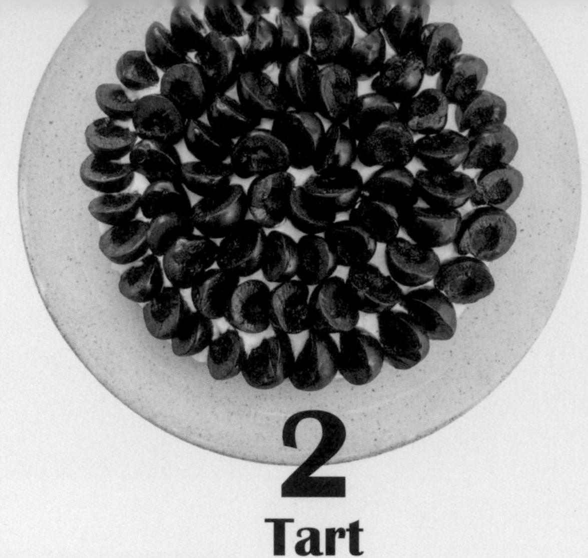

2
Tart

美國櫻桃塔

櫻桃是法國初夏時分的代表性水果。
法國主流的櫻桃品種是黑櫻桃，紅櫻桃較少流通販售，很少出現在市面上。
在櫻桃產季，市場上可以看到堆成小山的櫻桃，多以秤重的方式販售。

塔皮		**內餡**		**內餡**
基本塔皮 （參照 p.16 ）	＋	卡士達醬 （參照 p.34 ）	＋	香緹鮮奶油 （參照 p.22 ）

材料（直徑 18 公分的塔 1 個）

基本塔皮（參照 p.16）1 片
卡士達醬（參照 p.34）半量
香緹鮮奶油（參照 p.22）半量
美國櫻桃約 50 顆

事前準備

・讓卡士達醬回復到常溫狀態。

組合甜塔的做法

1

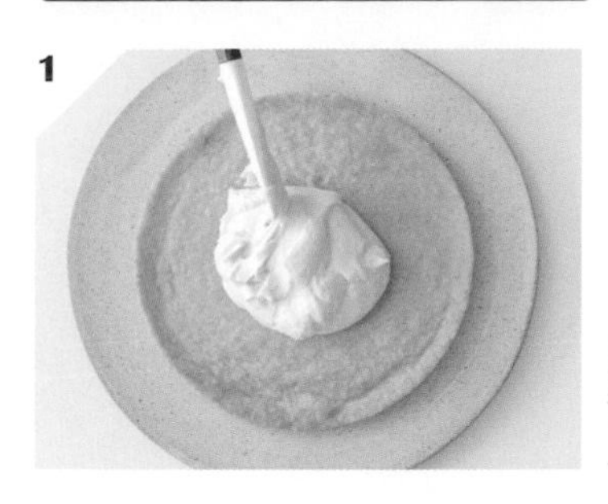

用湯匙取卡士達醬，塗抹在塔皮上。

Point
用橡膠刮刀均勻地塗在整個塔皮上。

2

將香緹鮮奶油塗在做法 **1** 上。

Point
用橡膠刮刀漂亮地抹平表面。

3

將做法 **2** 放入冰箱冷藏備用，趁這個時間切開美國櫻桃，去掉種子。

4

將櫻桃從塔面中心，呈放射狀地往外排列。

Point
讓櫻桃都面向同一個方向，中間不要留有空隙，就能做出漂亮的成品。

大功告成！

3
Tart
芒果百香果塔

4

Tart

巧克力覆盆莓塔

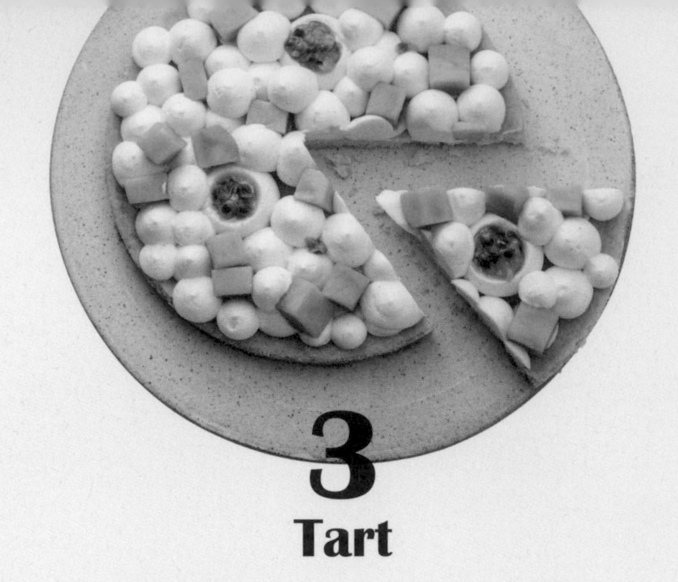

3
Tart

芒果百香果塔

這是以熱帶水果搭配含有白巧克力的內餡製成的甜塔。
因為香草風味與濃郁乳香的白巧克力香緹，不管與哪種水果都很搭，
近幾年更經常被用來替代經典的慕斯琳奶油醬（Crème Mousseline），
或是鮮奶油卡士達醬（Crème Diplomat）。

塔皮
基本塔皮（參照 p.16）

＋

內餡
白巧克力香緹（參照 p.24）

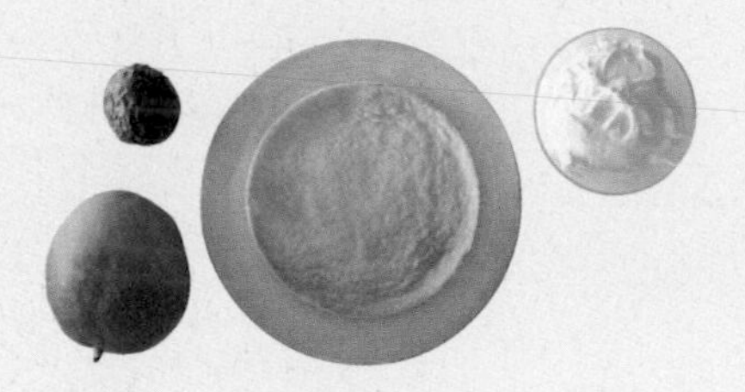

材料（直徑 18 公分的塔 1 個）
基本塔皮（參照 p.16）1 片
白巧克力香緹（參照 p.24）全量
芒果 1/2 顆
百香果 1 顆

事前準備

・攪拌冰過的白巧克力香緹，讓白巧克力香緹變得柔軟滑順。

組合甜塔的做法

1

芒果去皮後，沿著種子邊緣切下，去掉種子，然後把果肉切成塊狀。百香果對半切開。

2

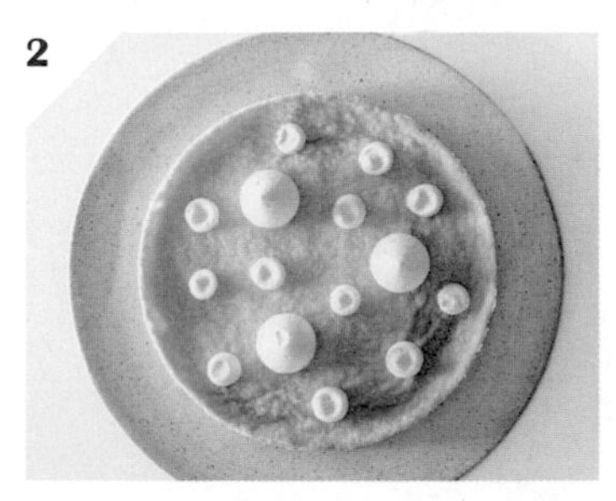

將白巧克力香緹倒入裝有圓形平口花嘴的擠花袋中，在塔皮上擠出大大小小的球狀。

3

取料理匙，將約1/2小匙大小的料理匙泡入熱水中，溫熱湯匙。

4

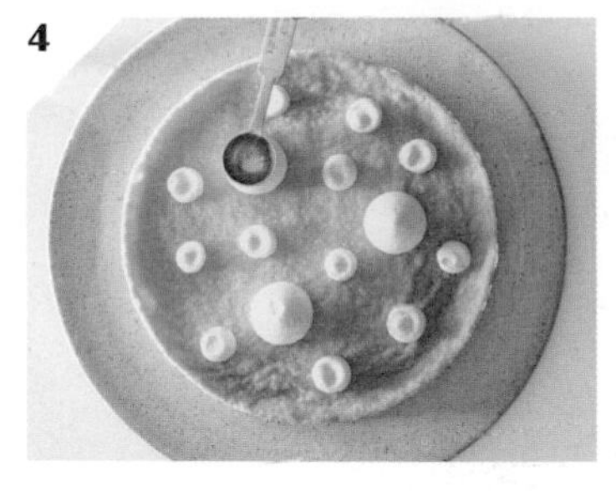

用湯匙背面，以餘熱在大顆球狀的白巧克力香緹上壓出凹痕。

5

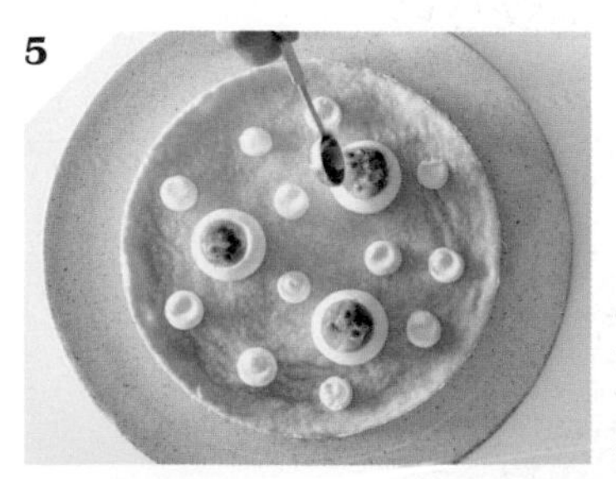

用湯匙舀起百香果果肉，將果肉倒入做法**4**壓出的凹痕內。

6

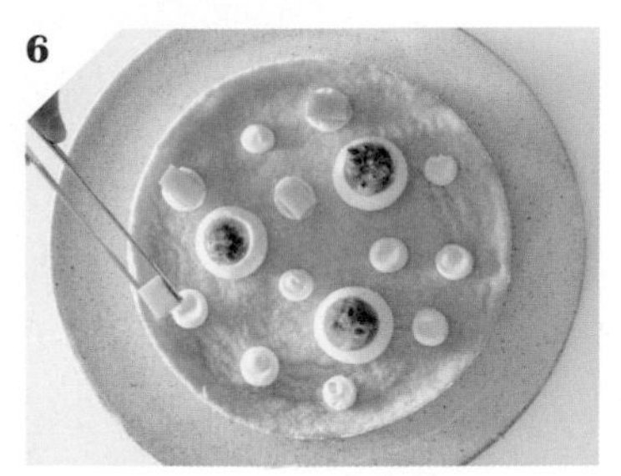

把切好的芒果放在小顆球狀的白巧克力香緹上。

7

在塔面還空著的地方擠上白巧克力香緹，再將剩下的芒果放在露出空隙的地方。

大功告成！

4
Tart

巧克力覆盆莓塔

風味濃郁的巧克力，搭配具有香氣、酸甜滋味的覆盆莓，
是清爽好入口的最佳組合。將巧克力甘納許打發後製成的內餡，
比傳統的巧克力奶油霜口感更清爽不膩，相當受歡迎。

塔皮
基本塔皮
（參照 p.16 ）
＋
內餡
杏仁奶油餡
（參照 p.48 ）
＋
內餡
果漬醬
（參照 p.50 ）
＋
內餡
打發巧克力甘納許
（參照 p.26 ）

材料（直徑 18 公分的塔 1 個）

稍微烤過的基本塔皮
（參照 p.16，用 170°C烘烤 15 分鐘）1 片
打發巧克力甘納許（參照 p.26）全量
杏仁奶油餡（參照 p.48）半量
冷凍覆盆莓 80 克
可可粉適量

〈覆盆莓果漬醬〉（做法參照 p.50）
覆盆莓 100 克
砂糖 20 克
檸檬汁少許

事前準備

- 前一天先備妥即將完成，只剩下最後打發步驟的巧克力甘納許。
- 事先備妥蔓越莓果漬醬、杏仁奶油餡。
- 將烤箱預熱到 170°C。

組合甜塔的做法

1

用湯匙將杏仁奶油餡塗抹在塔皮上，並注意不要碰到模具。

2

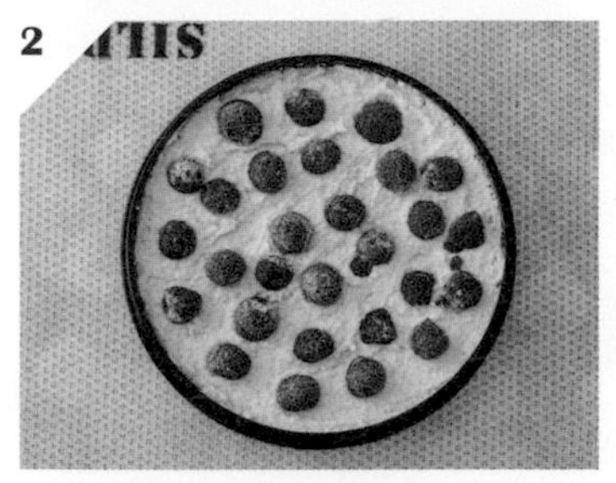

取適當的間隔，排好未解凍的冷凍覆盆梅。

3

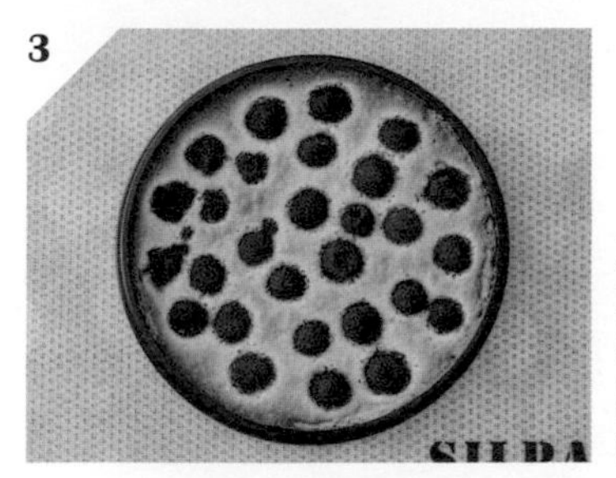

放入烤箱後，以170℃烘烤30～35分鐘，稍微烤出金黃色澤，放涼備用。

4

用抹刀取覆盆莓果漬醬，均勻地塗抹在做法**3**的塔面上。

5

取出巧克力甘納許，打發到適合以擠花袋擠出的軟度。

6

用剪刀剪開擠花袋的尖端，剪成V形花嘴（缺口花嘴）的開口形狀。

7

將做法**5**的打發巧克力甘納許填入擠花袋中，從塔面中間依序向外擠出直線。

Point

擠花時，不要留下任何空隙，就算打發巧克力甘納許超出塔面也沒關係。最後再用橡膠刮刀或抹刀刮除多餘的部分。

8

依個人喜好，在做法**7**上適量地撒些篩過的可可粉。

大功告成！

5
Tart
不含乳製品的火龍果塔

6
Tart
無花果塔

5
Tart
不含乳製品的火龍果塔

這是一款無論塔皮或內餡都不含乳製品的甜塔。
由於火龍果本身沒有香氣，所以最後會撒上柑橘類的皮增添香氣。
製作內餡時，選用無添加香料的椰子油，
製成的內餡就可以用來搭配各種水果。

塔皮
未使用乳製品的基本塔皮（參照 p.17）
＋
內餡
豆漿優格餡
（參照 p.28）

材料（直徑 18 公分的塔 1 個）
未使用乳製品的基本塔皮（參照 p.17）1 片
豆漿優格餡（參照 p.28）全量
白肉、紅肉火龍果各 1 個
木瓜 1 個
萊姆皮 1 個分量

事前準備
・事先在塔皮表面塗上白巧克力或椰子油（參照 p.20、p.119）。

組合甜塔的做法

1

將豆漿優格餡塗在塔皮表面上，放入冰箱冷藏備用。

2

木瓜、兩種火龍果對半切開。

3

用水果挖球器將果肉挖成小球狀。

Point

挖成同樣大小的球狀。

4

把挖出的水果球放在廚房紙巾上，吸掉多餘的水分。

5

把水果球放到做法 **1** 塗好的內餡上。

Point

依據配色，可以隨意安排水果的位置。

6

刮下萊姆皮茸，撒在水果球上。

大功告成！

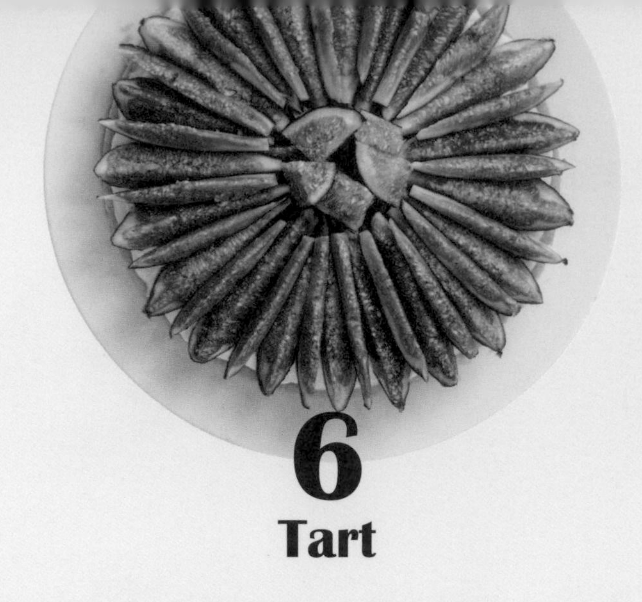

6
Tart
無花果塔

法國的秋天是黑色無花果特別甜美好吃的季節。
可以直接吃或是熟食，也能用來製成果醬或裝飾料理。
此外，搭配起司也是很受歡迎的吃法。
無花果的香氣很淡，所以我試著搭配散發檸檬和蜂蜜香氣的內餡。

內餡
基本塔皮
（參照 p.16 ）

＋

內餡
奶油起司蜂蜜檸檬鮮奶油
（參照 p.30 ）

材料（直徑 18 公分的塔 1 個）
基本塔皮（參照 p.16）1 片
奶油起司蜂蜜檸檬鮮奶油（參照 p.30）全量
無花果 6 ～ 8 顆

事前準備
・讓奶油起司蜂蜜檸檬鮮奶油回復常溫狀態。

組合甜塔的做法

1

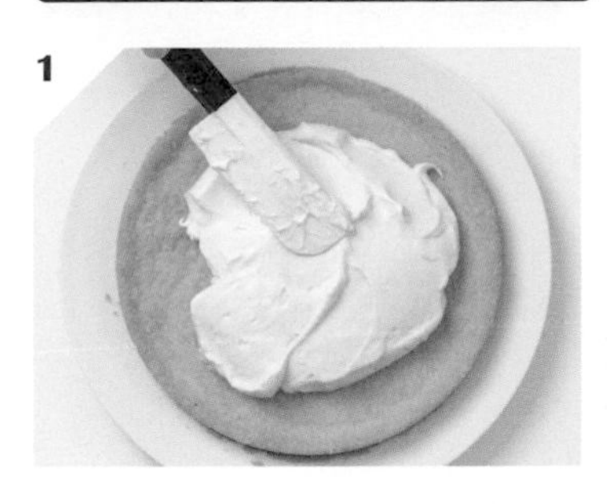

取奶油起司蜂蜜檸檬鮮奶油，塗在塔皮上。

Point

用橡膠刮刀均勻地將內餡塗抹在整個塔皮。

2

將無花果連皮切成6等分、8等分和小塊狀。依據無花果的大小調整切法。

3

把切成6等分的無花果以放射狀排列在塔面上，切成小塊狀的無花果放在中間。

4

再用切成8等分的無花果填滿剩下的空隙。

大功告成！

可依個人喜好，淋上蜂蜜檸檬糖漿食用。

7
Tart
草莓塔

8

Tart

不含乳製品的綠葡萄塔

9
Tart
莓果塔

10
Tart
香蕉塔

7 Tart

草莓塔

在法國説起甜塔，草莓塔絕對是很受歡迎的品項。
每到產季，市場裡便會開始販售各種草莓。
大部分的草莓都散發濃郁香氣，酸味與甜味平衡。
此外，卡士達醬和慕斯琳奶油餡是製作草莓塔時，最經典不敗的組合。

塔皮
基本塔皮
（參照 p.16 ）
＋
內餡
杏仁奶油餡
（參照 p.48 ）
＋
內餡
卡士達醬
（參照 p.34 ）

材料（直徑 18 公分的塔 1 個）
稍微烤過的基本塔皮
（參照 p.16，用 170°C烘烤 15 分鐘）1 片
杏仁奶油餡（參照 p.48）半量
卡士達醬（參照 p.34）全量
草莓約 30 顆

事前準備
- 讓杏仁奶油餡和卡士達醬回復到常溫狀態。
- 將烤箱預熱到 170°C。

組合甜塔的做法

1

將杏仁奶油餡塗抹在塔皮上，注意不要碰到模具。

Point

用湯匙均勻地塗滿整個塔皮。

2

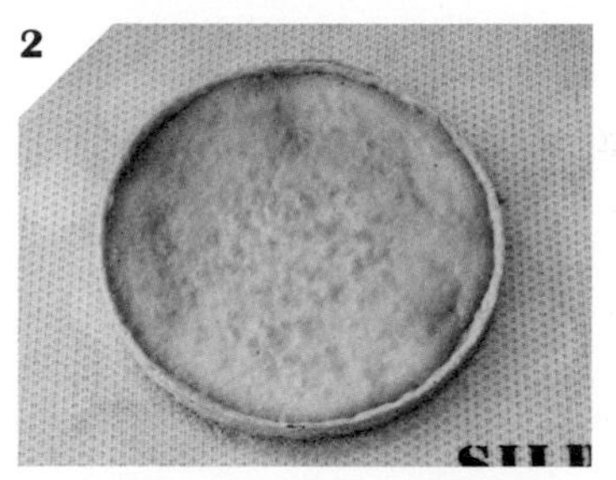

放入 170℃的烤箱中烘烤 20 分鐘，放涼備用。

3

用抹刀將卡士達醬塗抹在塔面上。

4

草莓對半切開，依序從外側往內側排列在塔皮上。

5

依個人喜好，放上少許薄荷葉裝飾。

大功告成！

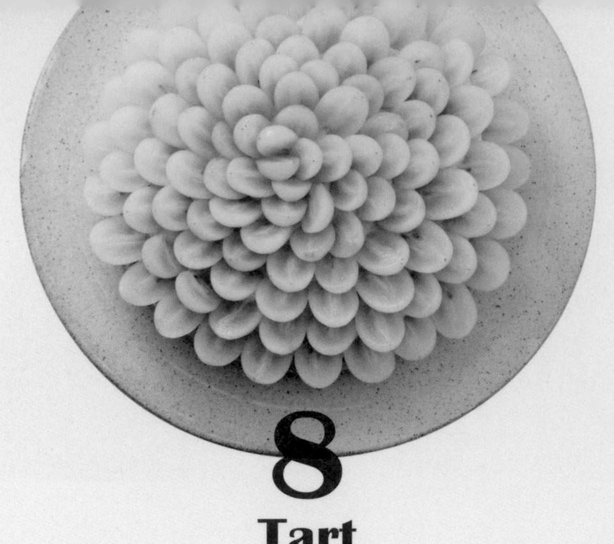

8
Tart

不含乳製品的綠葡萄塔

以西班牙產的無籽綠葡萄，搭配植物奶製作，
是完成不含蛋及乳製品的內餡製成的甜塔。
無籽葡萄在法國很少見，
不過在日本，像是大受好評的麝香葡萄等，
市面上能見到許多品種的無籽葡萄，大家可以多加利用。

內餡
未使用乳製品的基本塔皮
（參照 p.17 ）

＋

內餡
植物奶卡士達醬
（參照 p.38 ）

材料（直徑 18 公分的塔 1 個）

未使用乳製品的基本塔皮（參照 p.17）1 片
植物奶卡士達醬（參照 p.38）全量
無籽綠葡萄 400 克

組合甜塔的做法

1

將植物奶卡士達醬塗抹在塔皮上，放入冰箱冷藏備用。

Point
冰過的內餡才不會太濕軟，所以一定要先放入冰箱冷藏。

2

將綠葡萄連皮對半切開，如果買的是有籽葡萄，要先去除籽。

3

從塔的外側開始，緊密地排上切好的綠葡萄果肉。

Point
綠葡萄切面朝著中央依序排好。

Point
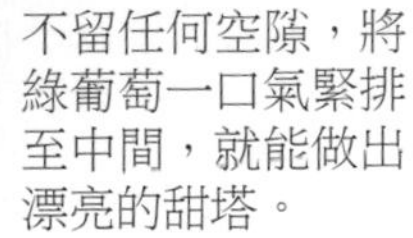
不留任何空隙，將綠葡萄一口氣緊排至中間，就能做出漂亮的甜塔。

大功告成！

9
Tart

莓果塔

莓果塔是除了覆盆莓，在塔上面還放了醋栗、黑莓、藍莓等莓果，
在法國非常受歡迎的甜塔。最正統、美味的做法，
是搭配在卡士達醬中加入大量奶油製成的慕斯琳奶油餡。
法國的奶油是發酵奶油，所以奶油餡成品口感比想像中更清爽。

塔皮
基本塔皮（參照 p.16）

內餡
慕斯琳奶油餡（參照 p.41）

材料（直徑 18 公分的塔 1 個）
基本塔皮（參照 p.16）1 片
慕斯琳奶油餡（參照 p.41）全量
各種莓果共 300 克

※ 可依個人喜好，準備總量 300 克的莓果。

事前準備
- 讓慕斯琳奶油餡回復到常溫狀態。

組合甜塔的做法

1

取慕斯琳奶油餡，塗抹在塔皮上。

2

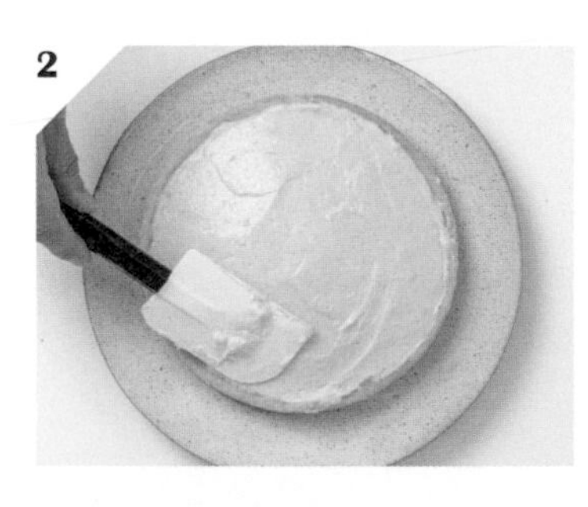

用橡膠刮刀均勻地塗滿整個塔皮。

3

放上各種莓果。

4

如果使用多種顏色的莓果，必須同時注意配色，並且緊密地排滿整個塔面。

Point

較大顆的莓果可以對半切開，讓莓果的大小較為一致，然後排放在塔面上。

大功告成！

10
Tart

香蕉塔

鮮奶油卡士達醬（Crème Diplomat）是常用來製作泡芙的一種餡料。
在卡士達醬中加入了鮮奶油，有著輕盈且入口即化的口感。
這是一種與任何水果都很搭的萬能內餡，大家可以嘗試製成各種甜塔享用。

塔皮
基本塔皮（參照 p.16）

內餡
鮮奶油卡士達醬（參照 p.44）

材料（直徑 18 公分的塔 1 個）

基本塔皮（參照 p.16）1 片
鮮奶油卡士達醬（參照 p.44）全量
香蕉 2 ～ 3 根
蜂蜜 20 克
水 10 克

※ 蜂蜜＋水用在避免香蕉氧化變黑，
也可以省略。

組合甜塔的做法

1

用橡膠刮刀將鮮奶油卡士達醬塗抹在塔皮上，放入冰箱冷藏備用。

2

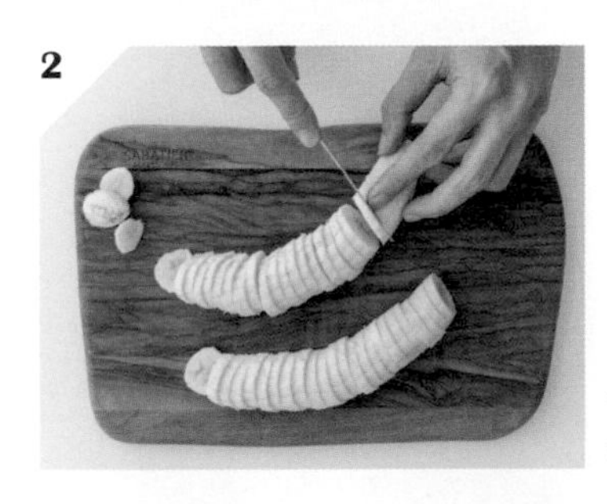

香蕉去皮，切成約0.5公分厚的片狀。

3

蜂蜜加水混合，用刷子塗在盤子上。

4

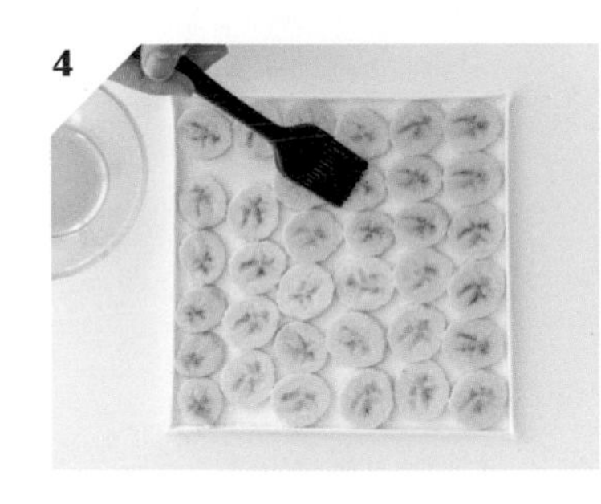

將香蕉平鋪在盤子上，在朝上的那面也塗上蜂蜜水。若不介意香蕉氧化變黑，可以省略做法**3**、**4**。

5

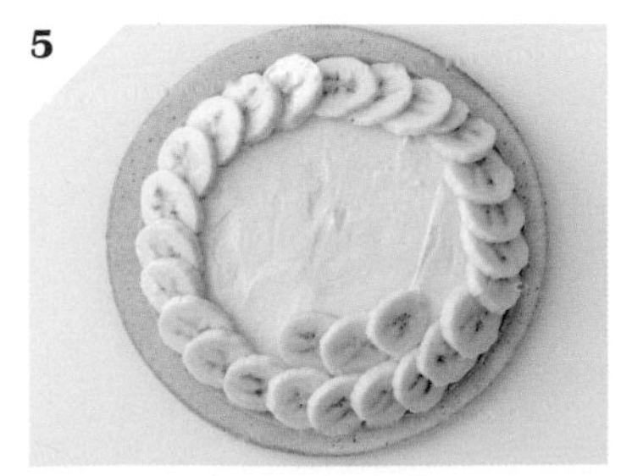

將香蕉片從外側往內側，整齊地排放在做法**1**的塔面上。

6

接著放入冰箱冷藏降溫。

大功告成！

11
Tart
杏桃塔

12
Tart
柿子洋梨塔

11
Tart

杏桃塔

到了夏天，你會在法國甜點店裡看到一個又一個杏桃塔。
大多都是充分烤成金黃色澤，簡單又美味的甜塔。
這個食譜可以同時品嘗到烤過的杏桃，以及新鮮杏桃兩種滋味。

塔皮
基本塔皮（參照 p.16）

內餡
杏仁奶油餡（參照 p.48）

材料（直徑 18 公分的塔 1 個）
稍微烤過的基本塔皮
（參照 p.16，用 170°C烘烤 15 分鐘）1 片
杏仁奶油餡（參照 p.48）全量
杏桃 7 ～ 10 顆
杏桃果醬 70 克

事前準備

- 如果使用不鏽鋼模具，烤過的杏仁奶油餡容易沾黏在模具上，所以在一開始烤塔皮時，就要先在模具內側鋪上烘焙紙。
- 將烤箱預熱到 170°C。
- 讓杏仁奶油餡回復到常溫狀態。

組合甜塔的做法

1

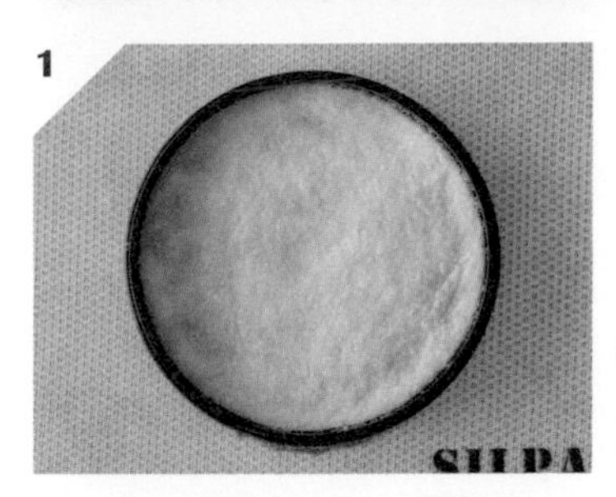

將稍微烤過的塔皮放涼到常溫的程度。

2

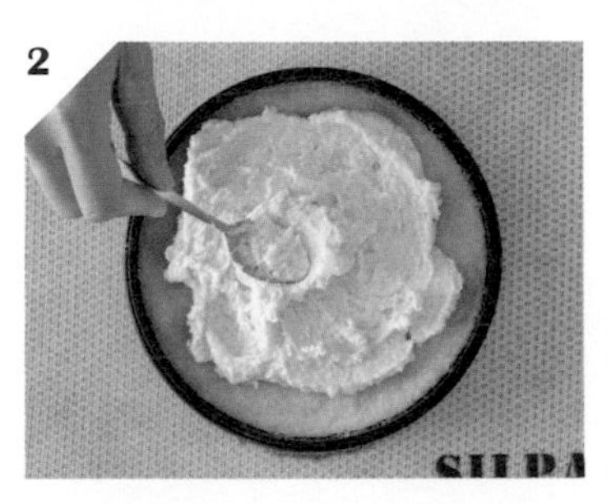

用湯匙將杏仁奶油餡塗在塔皮上，不要讓奶油餡碰到模具。

3

杏桃去掉種子，果肉切片。

4

取 1/3 量的杏桃片，呈放射狀地排放在內餡上。

5

然後放入烤箱，並以 170℃烘烤 35 ～ 40 分鐘，取出放涼。

6

等放涼以後，塗上一半的杏桃果醬。

7

將剩下的杏桃切片排放在塔面上。

8

把剩下的果醬塗在杏桃切片上。

如果覺得果醬不好塗抹，可以用微波爐稍微加熱，讓果醬變軟。

9

可依個人喜好，加上適量薄荷葉裝飾。

大功告成！

12
Tart

柿子洋梨塔

柿子和西洋梨都是好吃的水果。
西洋梨的香氣和杏仁奶油餡非常搭，是經典的烤甜塔組合。
從很久之前，就一直很受眾人喜愛。

塔皮
基本塔皮（參照 p.16）

內餡
杏仁奶油餡（參照 p.48）

材料（直徑 18 公分的塔 1 個）
稍微烤過的基本塔皮
（參照 p.16，用 170°C烘烤 15 分鐘）1 片
杏仁奶油餡（參照 p.48）全量
柿子 1 顆
西洋梨 1 顆
杏桃果醬 30 克

※ 果醬是用於防止塔面過於乾燥且能增添光澤感，可以省略。

※ 用邊緣爲波浪形的模具烘烤，杏仁奶油餡會沾黏在側邊上，所以最好改用鋪上烘焙紙的慕斯圈。

事前準備
- 讓杏仁奶油餡回復到常溫狀態。
- 將烤箱預熱到 170°C～ 180°C。

組合甜塔的做法

1

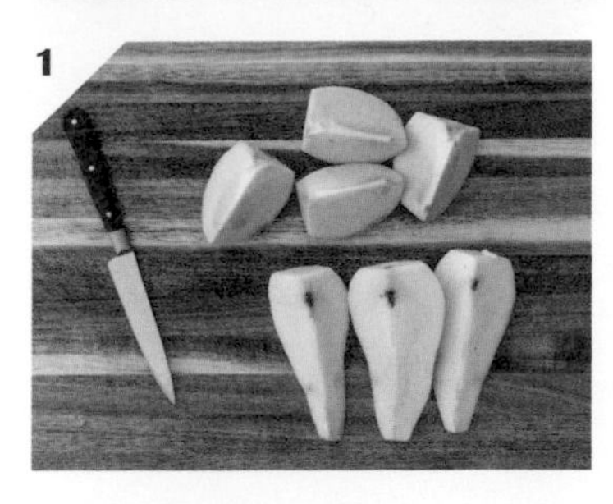

柿子、西洋梨去皮，切成適合排在塔上的均等大小。這裡是將柿子切成4等分，西洋梨切成3等分。

2

再將柿子、西洋梨切成0.2～0.3公分厚的薄片。

3

將杏仁奶油餡塗抹在塔皮上，注意不要接觸到模具。

4

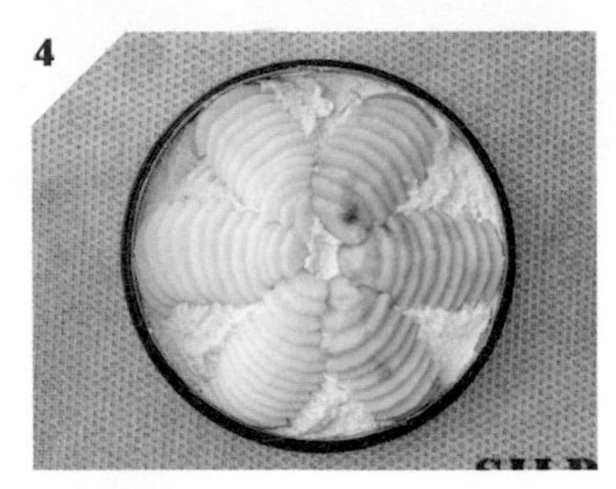

取柿子片、西洋梨片，整齊地呈放射狀排在內餡上。

Point

可以用刀尖整理出漂亮的間隔。

5

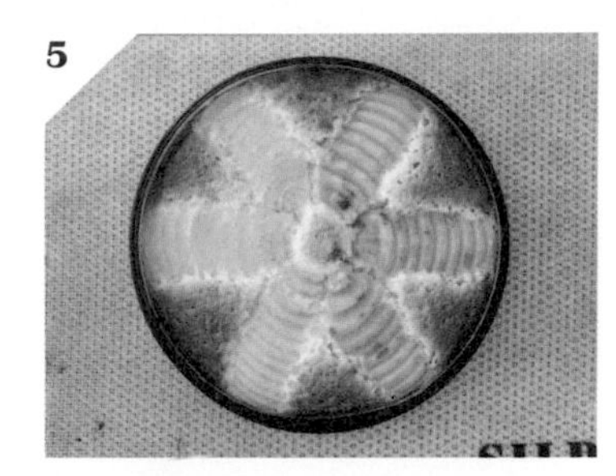

放入烤箱，以170℃～180℃烘烤35～40分鐘。

※如果使用大烤箱，要放在烤箱上層烘烤，讓塔面更容易上色。

6

放涼之後，塗抹杏桃果醬或果膠（材料量外），用透明凝膠增添光澤。

大功告成！

13

Tart

甜桃果漬醬奶酥塔

如果有裝飾甜塔時剩下的水果片，或是吃不完的水果時，
可以嘗試做成甜度較低的果漬醬，搭配製成甜塔。
為了讓口感更豐富，所以將碎塊酥塔皮撒在內餡上再去烘烤。

塔皮
碎塊酥塔皮（參照 p.92）

＋

內餡
果漬醬（參照 p.50）

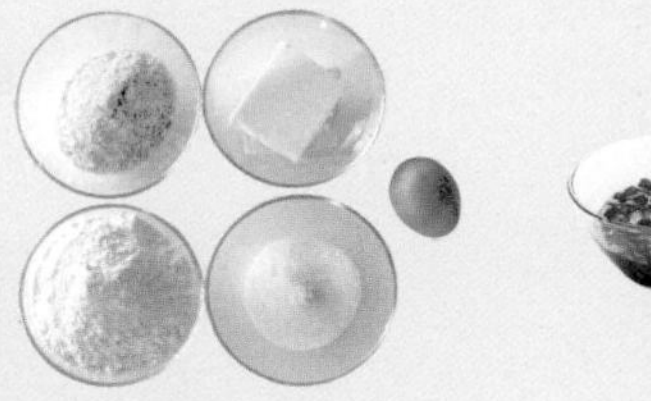

材料（直徑 18 公分的塔 1 個）

〈碎塊酥塔皮〉

奶油 80 克
砂糖 50 克
鹽（使用含鹽奶油的話可以省略）1 小撮
麵粉 170 克
杏仁粉 50 克
全蛋（M 尺寸，約 50 克）1 個

p.50 的甜桃果漬醬全量
裝飾用糖粉適量

事前準備

・讓奶油回復到常溫狀態。
・將烤箱預熱到 180°C。

碎塊酥塔皮的做法

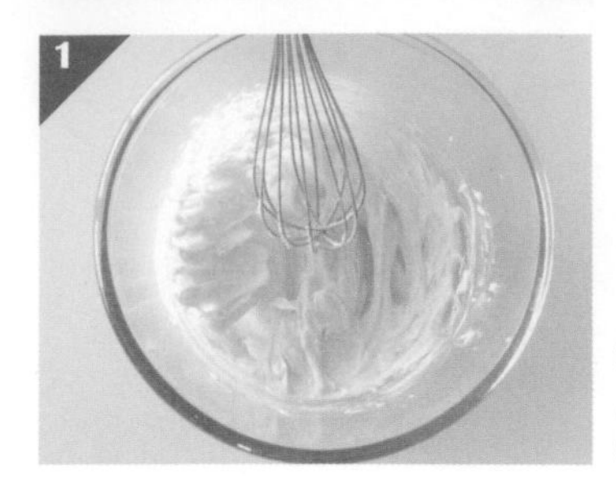

將奶油放入盆中，用攪拌器攪成膏狀。

加入砂糖、鹽，用橡膠刮刀翻拌混合。

將麵粉、杏仁粉倒入做法 **2** 中。

只要大略翻拌成仍帶有許多小碎塊的麵團，不要讓麵團變成整塊完整的麵團。

把蛋打入另一個盆裡，用叉子攪散。

把做法 **5** 的蛋液分三次加入做法 **4** 的麵團中，每次加入，都要用叉子稍微翻拌。

Point

這時也要注意別讓麵團結成一整塊，就算材料沒有確實混合也沒關係。

把模具放在烘焙紙或矽膠烘焙墊上，取約 2/3 量的做法 **6** 麵團，放入模具中，用手指攤開、壓平。剩下的麵團備用。

側面只留約 1 公分高，用刀切除多餘的部分。

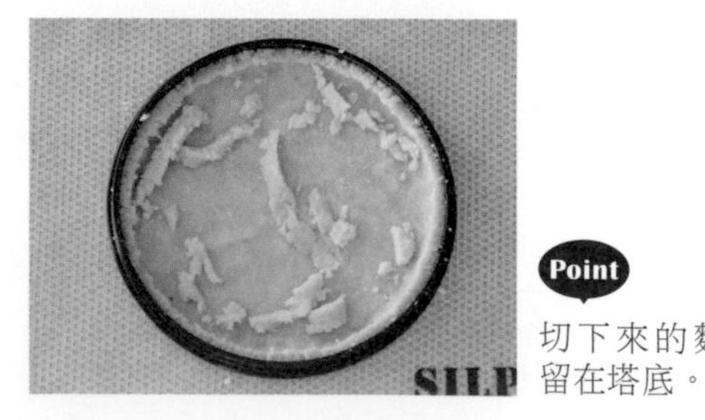

Point

切下來的麵團就留在塔底。

9

放入烤箱以 180℃烘烤約 10 分鐘，取出放涼備用。

Point

剛烤好的時候塔底會有些膨脹，可以用叉子壓平。

1

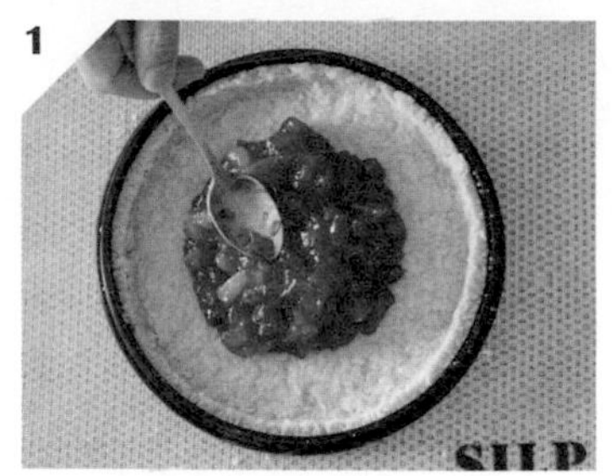

塔皮放涼，塗抹果漬醬。

2

取剩下的碎塊狀塔皮，撒在果漬醬上。

3

然後放入烤箱，以 170℃～ 180℃烘烤 35 ～ 40 分鐘，烤至表面稍微變色為止。

用小烤箱比較容易烤焦，所以若用小烤箱，要用 170℃烘烤。

4

從烤箱中取出後放涼，撒上用濾茶網篩過的糖粉。

大功告成！

塔皮、內餡、配料的組合一覽表

快速塔是用 3 種塔皮＋ 11 種常用內餡，再搭配當季水果製成的。這裡將本書中介紹的甜塔整理列表。不過即使不按照這張表格，依喜好改變搭配組合也沒關係喔！

例如把有加奶油的塔皮、有加牛奶的內餡，換成不含乳製品的塔皮、內餡；覺得製作塔皮很麻煩，把基本塔皮換成餅乾塔皮；改用自己喜歡的水果等等，諸如此類的變化，都能隨意搭配。此外，大家也可以參考 p.95 以各種專用內餡製成的甜塔，完成可口的甜塔點心！

塔皮	
基本塔皮（參照p.16）	A
未使用乳製品的基本塔皮（參照p.17）	B
使用餅乾製成的餅乾塔皮（參照p.18）	C

內餡	
鮮奶油類	
香緹鮮奶油（參照p.22）	①
白巧克力香緹（參照p.24）	②
打發巧克力甘納許（參照p.26）	③
豆漿優格餡（參照p.28）	④
奶油起司蜂蜜檸檬鮮奶油（參照p.30）	⑤
卡士達醬類	
卡士達醬（參照p.34）	⑥
植物奶卡士達醬（參照p.38）	⑦
慕斯琳奶油餡（參照p.41）	⑧
鮮奶油卡士達醬（參照p.44）	⑨
其他種類的內餡	
杏仁奶油餡（參照p.48）	⑩
果漬醬（參照p.50）	⑪

配料	組合範例	做法
草莓	A+⑩+⑥	p.72
莓果類	A+⑧	p.74
覆盆莓	A+⑩+⑪+③	p.61
芒果百香果	A+②	p.60
杏桃	A+⑩	p.84
甜桃	A+①	p.54
美國櫻桃	A+⑥+①	p.55
無花果	A+⑤	p.67
柿子洋梨	A+⑩	p.85
香蕉	A+⑨	p.75
火龍果	B+④	p.66
綠葡萄	B+⑦	p.73
抹茶紅豆	C+①	p.96

PART 4

搭配專用的內餡製作甜塔

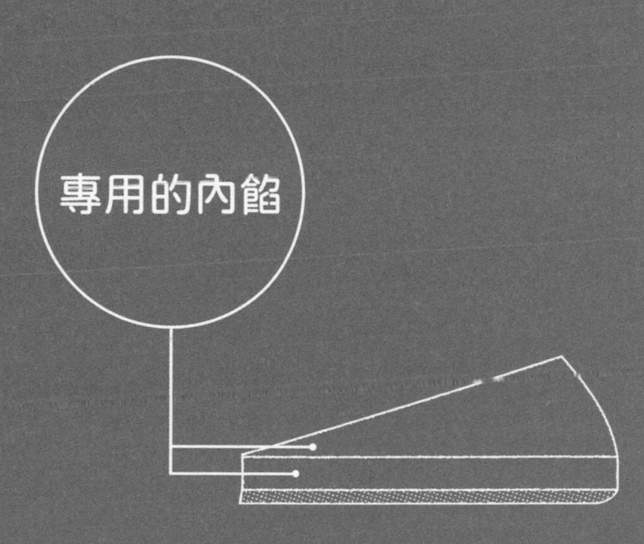

Finition avec une Crème Spéciale

14
Tart
抹茶紅豆塔

15
Tart
巧克力塔

14
Tart

抹茶紅豆塔

使用抹茶、白巧克力甘納許、紅豆這些具日式風情的材料製成的甜塔。
法國也開始有不少店家販售抹茶或柚子這類常見的日本食材。
由於抹茶甘納許的味道很濃郁，搭配清爽的香緹鮮奶油更易入口。

塔皮		**內餡**		**內餡**
餅乾塔皮 （參照 p.18 ）	＋	抹茶甘納許 （參照 p.99 ）	＋	香緹鮮奶油 （參照 p.22 ）

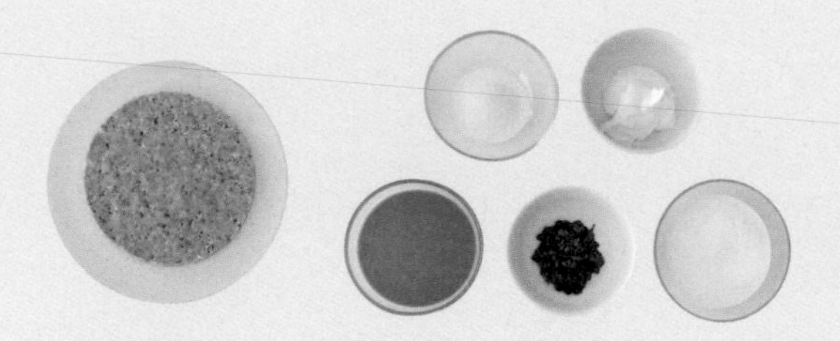

材料（直徑 18 公分的塔 1 個）

餅乾塔皮（參照 p.18 ）1 片
抹茶甘納許（參照 p.99）全量
香緹鮮奶油（參照 p.22）全量
煮熟的紅豆 80 克

※ 因爲要放入擠花袋操作，所以要準備較多的香緹鮮奶油。即使最後會剩下，但還是要準備全量使用。
※ 欲脫模時，可以用噴槍加熱，或是在製作塔皮時，先在模具內鋪上烘焙紙。

抹茶甘納許的做法

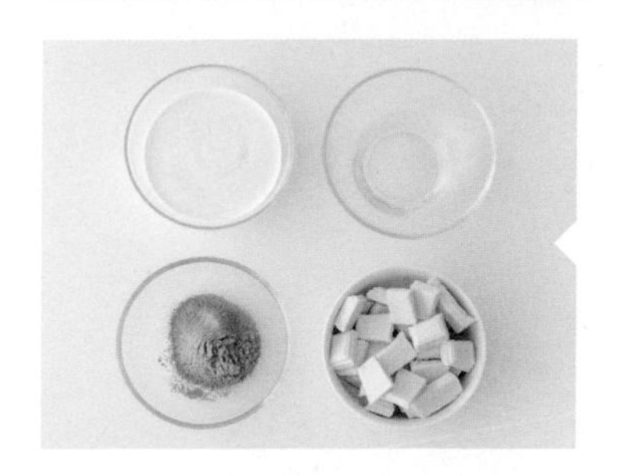

材料

抹茶粉 8 克
熱水 30 克（2 大匙）
白巧克力 200 克
鮮奶油（乳脂肪含量 35%）100 克

將抹茶粉放入盆中，倒入熱水攪拌。

用攪拌器攪拌到抹茶變得滑順為止。

在另一個盆裡放入白巧克力，不加保鮮膜，用 600W 的微波爐分多次加熱並攪拌，每次加熱 30 秒，讓白巧克力稍微融化。

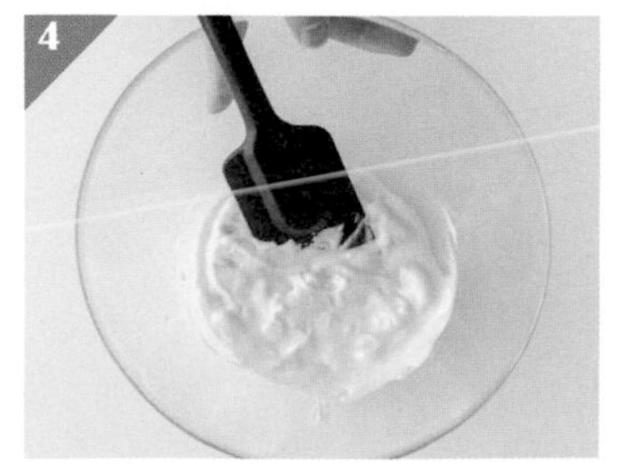

從微波爐中取出，用塑膠刮刀攪拌。

將鮮奶油倒入鍋中，加熱到快要沸騰的程度，倒入做法 **4**。

Point

要用攪拌器仔細攪拌，讓巧克力融化。

加入做法 **2** 的抹茶液，用攪拌器攪拌均勻。

大功告成！

組合甜塔的做法

1

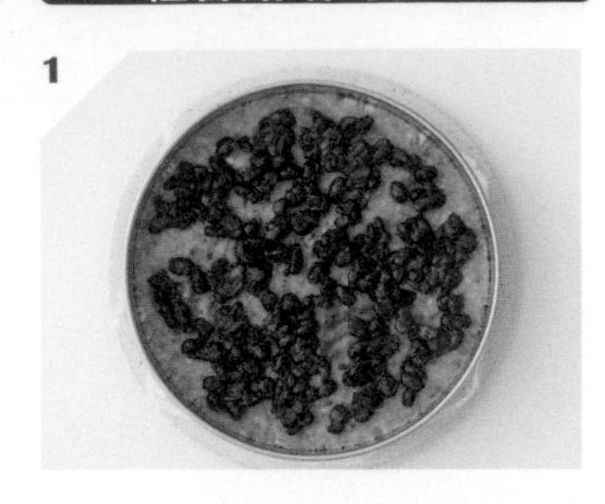

把塔皮放在底盤上，再將煮熟的紅豆撒在塔皮上。

2

倒入抹茶甘納許，放入冰箱冷藏。

Point

抹茶甘納許要冷藏至少半天，才會確實凝固。

3

等抹茶甘納許確實凝固後，用噴槍加熱塔圈邊緣。

4

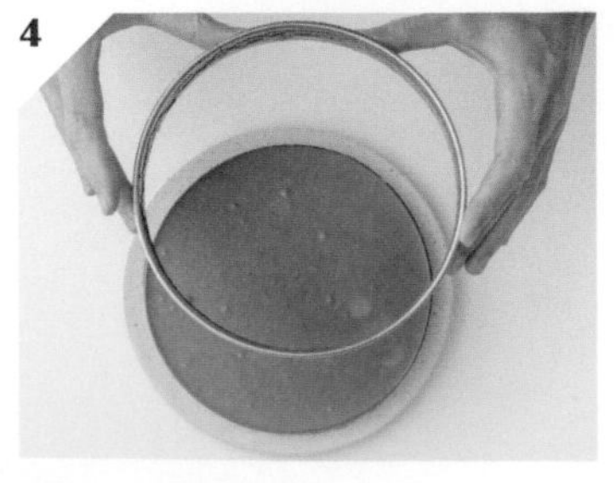

輕輕取下塔圈，小心不要弄傷塔。

5

準備好香緹鮮奶油，放入盆中。

6

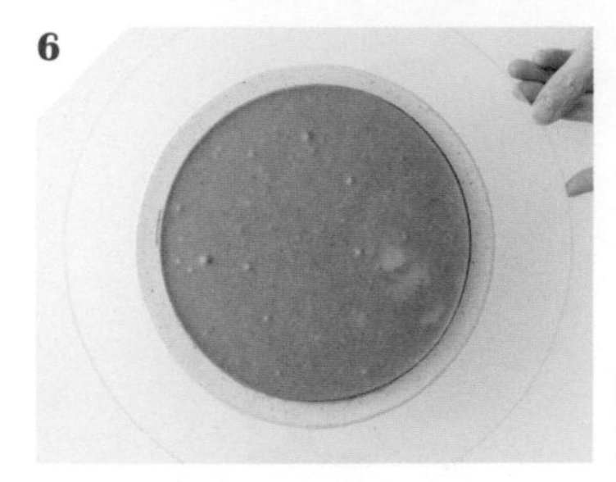

將做法 **4** 連同底盤，放在轉檯上。

7

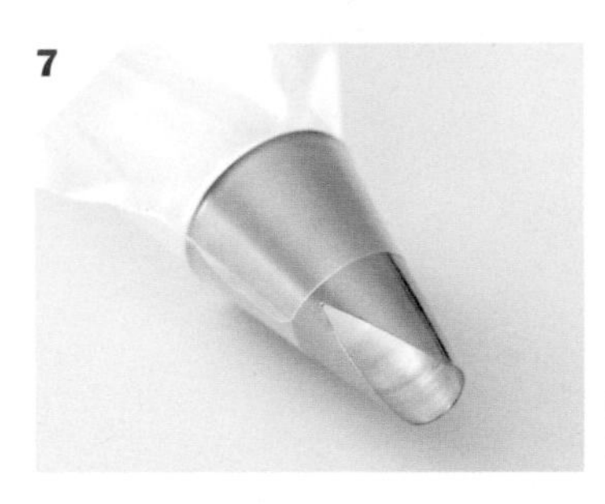

將 V 形（缺口）花嘴裝入擠花袋中。

8

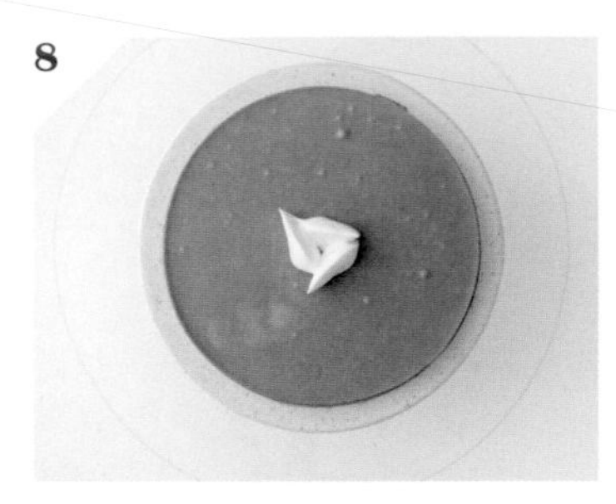

將香緹鮮奶油填入擠花袋中，在塔面中心點做個記號，圍繞著中心點擠三下，如左圖擠出一個三角形。

Point

花嘴與塔面角度垂直，以同樣的間距擠上香緹鮮奶油。

9

沿著最後擠出的鮮奶油尾巴內側，擠出新的鮮奶油，讓擠出的鮮奶油呈現一個完整的圓形。

Point

擠花時不要擠成直線，而是要配合塔的圓形，擠出具有弧度的鮮奶油，就能做出漂亮的成品。

大功告成！

更換模具，變化成小抹茶紅豆塔

材料（直徑 8 公分的慕斯圈 3 個）

餅乾塔皮（參照 p.18）1/2 片

抹茶甘納許（參照 p.99）半量

香緹鮮奶油（參照 p.22）半量

煮熟的紅豆 50 克

裝飾用抹茶粉適量

※ 小甜塔的製作方式基本上和一般甜塔相同。

1

在塔圈內側抹上油（材料量外，另行準備），鋪上塔皮。

2

等小甜塔確實冷卻凝固後，用手溫熱模型，脫模。

3

不用擠花嘴，參照 p.65 剪好擠花袋的尖端，填入鮮奶油，擠成漩渦狀，撒上用濾茶網篩過的抹茶粉即成。

15
Tart

巧克力塔

只要倒入巧克力甘納許就能輕鬆完成的巧克力塔。
為了增添口感及裝飾，可以在表面放上堅果。
由於味道濃郁，食用時，不妨搭配不含砂糖的鮮奶油享用。

塔皮		**內餡**		**內餡**
餅乾塔皮 （參照 p.18）	＋	巧克力甘納許 （參照 p.104）	＋	巧克力淋醬 （參照 p.104）

材料（直徑 18 公分的塔 1 個）
基本塔皮（參照 p.16） 1 片
巧克力甘納許（參照 p.103） 全量
巧克力淋醬（參照 p.104） 全量
裝飾用堅果（榛果或其他喜歡的堅果） 15 克

事前準備
- 堅果先以預熱到 160°C的烤箱，烘烤約 30 分鐘，讓堅果更香且口感更佳。

※ 因爲在巧克力甘納許和巧克力淋醬冷卻凝固後，需要加熱模具來脫模，建議用慕斯圈等金屬製的模具。

巧克力甘納許的做法

材料
牛奶巧克力 200 克
鮮奶油（乳脂肪含量 35%） 130 克
※ 如果食譜中有必須加熱的步驟，一定要用動物性鮮奶油。植物性鮮奶油加熱後，反而會導致油水分離！

1 將牛奶巧克力放入盆中，不加保鮮膜，用 600W 的微波爐分多次加熱並攪拌，每次加熱 30 秒，讓克力稍微融化。

2 從微波爐中取出後，用塑膠刮刀翻拌。

Point 即使還有一些沒融化的巧克力塊也沒關係。

3 將鮮奶油倒入鍋中，加熱到快要沸騰的程度。

4 把做法 **3** 倒入做法 **2** 的盆中。

5 用攪拌器輕輕攪拌後放置約 1 分鐘，讓巧克力確實融化。

6 仔細攪拌混合。

Point 要慢慢地移動攪拌器，盡量不要攪拌到起泡。

等巧克力全都融化後就大功告成！

巧克力淋醬的做法

材料

鮮奶油 (乳脂肪含量 35%) 50 克
水 50 克
可可粉 20 克
砂糖 30 克
┌ 吉利丁粉 2 克
└ 水 10 克

事前準備

- 可可粉事先篩過。
- 吉利丁粉加水，靜置一下使其膨脹。

將可可粉和砂糖放入盆中，用攪拌器攪拌均勻。

在鍋裡倒入鮮奶油和水，加入做法 **1** 後翻拌混合。

Point
要用攪拌器確實地攪拌均勻。

一邊攪拌，一邊加熱到快要沸騰的程度。

把鍋子從爐上拿下來，接著加入事先泡至膨脹的吉利丁。

用濾網濾過後，拿橡膠刮刀翻拌混合。

拌至巧克力淋醬的溫度降到接近人體的溫度（人體肌溫）。

大功告成！

組合甜塔的做法

1

將塔皮鋪入模具裡，倒入巧克力甘納許。

2

用橡膠刮刀抹平表面，放入冰箱冷藏到不會流動的程度。

3

將巧克力淋醬倒入做法 **2**。

4

稍微傾斜塔面，讓淋醬均勻地布滿整個塔面。

5

放入冰箱冷藏至少 3 ～ 4 小時，使確實冷卻。

6

準備加熱脱模。可以用噴槍或在模具外圍上一圈熱毛巾加熱模具，模具溫度升高後較易脱模。

7

小心脱模，不要弄傷巧克力塔。

8

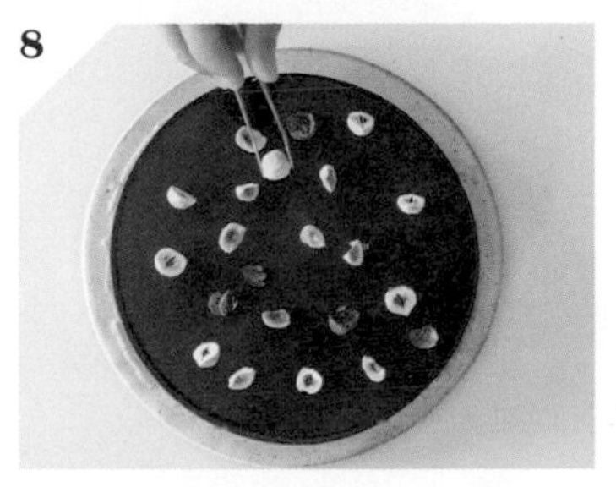

放上堅果裝飾。如果堅果太大顆，可以先切過再使用。

大功告成！

16
Tart
檸檬塔

17
Tart
栗子蒙布朗塔

18
Tart
不含乳製品的南瓜塔

19
Tart
地瓜塔

16
Tart

檸檬塔

這是每到夏天時就很想吃，帶有清爽檸檬香氣的一款甜塔。
我嘗試用散發檸檬香氣與酸味的檸檬凝乳（Crème au Citron），
搭配甜味的蛋白霜。蛋白霜會用噴槍稍微烤出一些焦痕，增添香氣。

塔皮
基本塔皮（參照 p.16）

內餡
檸檬凝乳（參照 p.111）

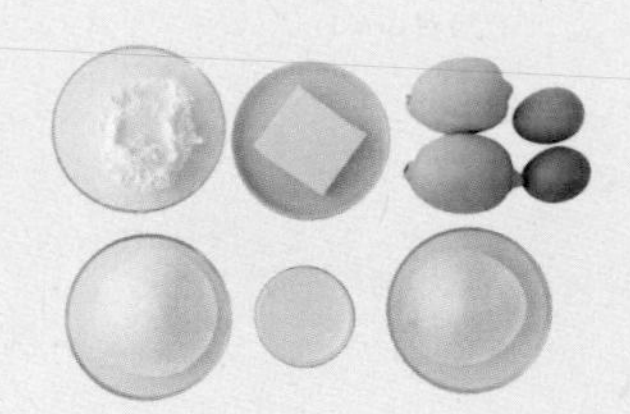

材料（直徑 18 公分的塔 1 個）
基本塔皮（參照 p.16）1 片

〈檸檬凝乳〉
檸檬皮 1 顆
檸檬汁 2 顆（約 100 克）
牛奶 200 克
砂糖（細砂糖）120 克
蛋黃 2 個
玉米粉 30 克
無鹽奶油 50 克

〈瑞士蛋白霜〉
蛋白 2 顆
砂糖 100 克
香草精 1 小匙
（或是香草精油數滴）

事前準備
- 在模具側面鋪上烘焙紙，放入塔皮後先送入烤箱，以170°C烘烤 25 分鐘。這麼做的話，就算使用流動後會凝固的內餡，也能輕鬆脫模。

1

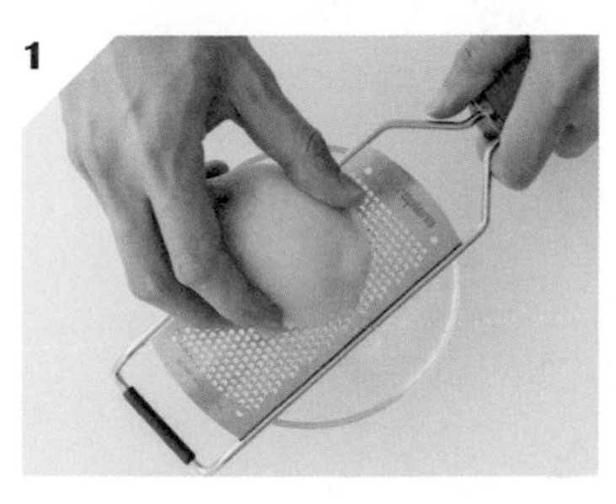

製作檸檬凝乳。
將 1 顆檸檬皮削成細絲。

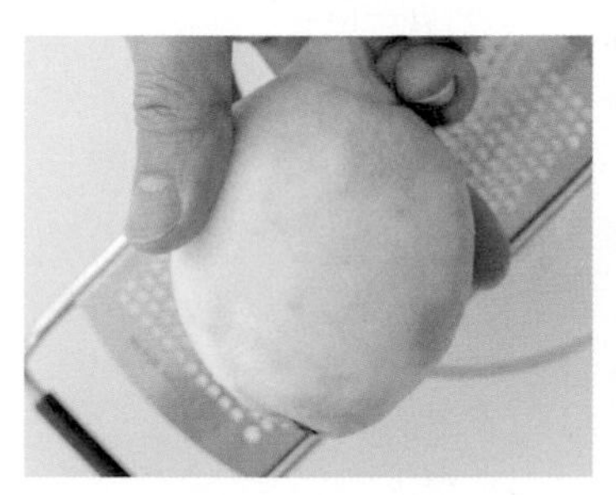

Point

只要削下表皮黃色的部分，下層白色部分沒有香氣，而且有重苦味。如果沒有未添加防腐劑的檸檬，可將檸檬用熱水燙過再使用。

2

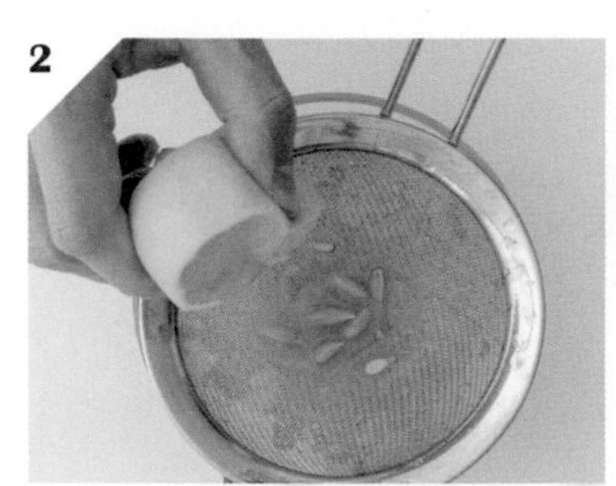

擠入檸檬汁，去掉種子。

加入檸檬汁可保有檸檬的酸味，檸檬皮則用來增添香氣，兩者都會用到。

3

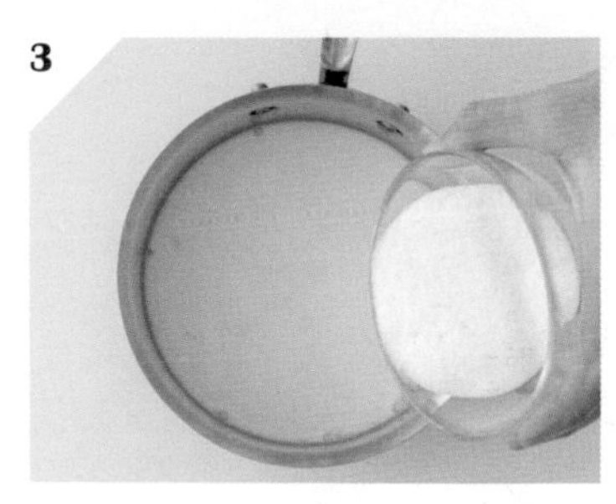

在鍋裡倒入牛奶和一半的砂糖，這時不要攪拌。

4

加熱到約 80℃。

5

倒入剩下的砂糖、蛋黃，用攪拌器攪拌混合。

6

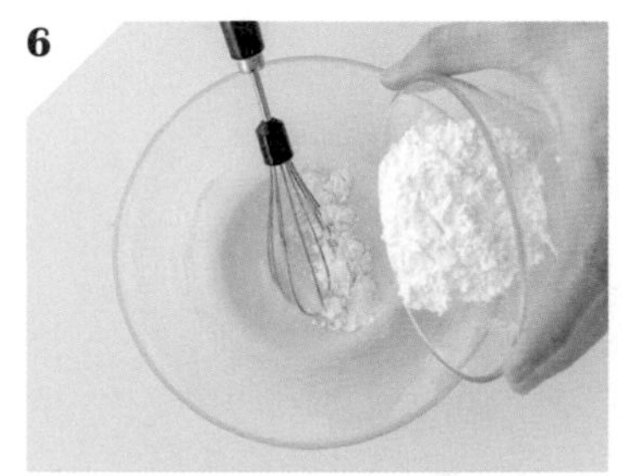

加入玉米粉，繼續攪拌。

7

仔細攪拌到沒有粉末殘留為止。

8

把加熱後的牛奶倒入做法 **7** 的盆中，攪拌混合。

9

再倒回鍋中，用中火加熱。

10

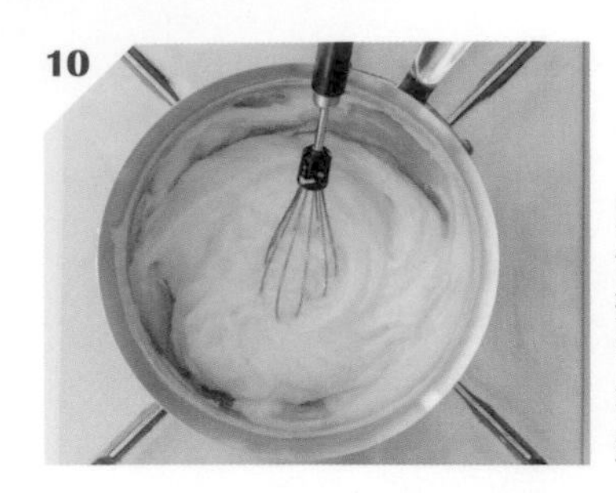

用可以攪拌到整個鍋底的方法，擦底攪拌並加熱，等材料開始變得濃稠後熄火，再繼續攪拌。

11

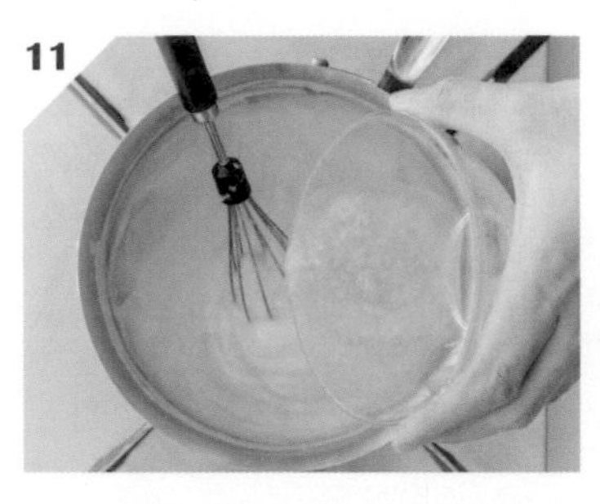

攪拌到沒有殘留任何結塊，加入檸檬皮和檸檬汁，攪拌到柔軟滑順。

12

再開中火，一邊攪拌，一邊加熱到沸騰。

Point

沸騰後，要再一邊攪拌一邊至少再加熱30秒。邊攪拌邊加熱是做出柔順檸檬凝乳的關鍵！

13

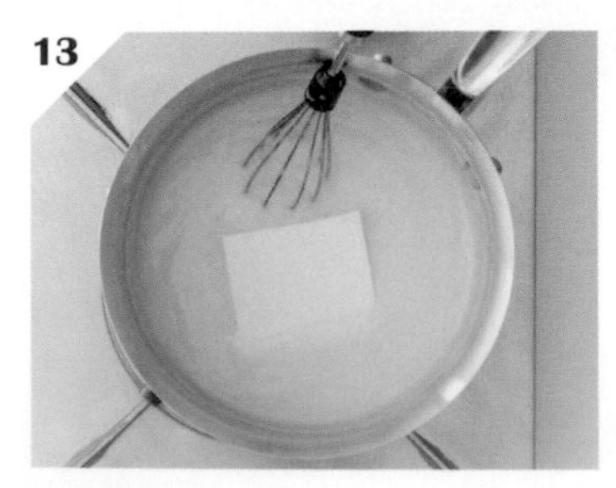

熄火後，加入奶油攪拌混合。

14

檸檬凝乳大功告成！

15

趁檸檬凝乳還溫熱，倒至塔皮上。

16

放入冰箱冷藏幾個小時，確實冷卻凝固。

17

製作瑞士蛋白霜。 將蛋白、砂糖倒入可以直火加熱的盆中，攪拌混合。

18

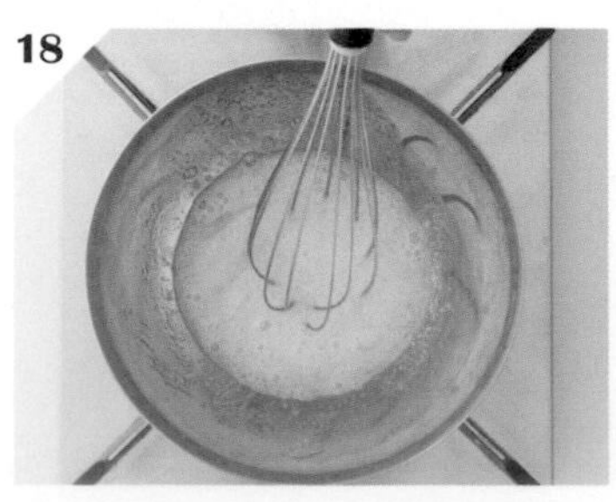

開小火，一邊用攪拌器攪拌，一邊加熱。

Point

等加熱到50℃時，可以離開爐火。

19

用電動攪拌器確實打發蛋白霜。

Point
舀起蛋白霜時，蛋白霜出現挺立、不下垂的尖角。

20

加入香草精攪拌混合，瑞士蛋白霜完成。

21

塔皮脫模，連盤子一同放到轉檯上，抹上蛋白霜。

22

用橡膠刮刀均勻地抹上蛋白霜。

23

用抹刀抵著塔面中心，轉動轉檯，讓抹刀漸漸往外側移動，畫出漩渦狀的花紋。側面也要塗抹蛋白霜。

24

用噴槍稍微烤出焦痕。如果沒有噴槍，可將烤箱設定在網烤模式下預熱，讓塔面的蛋白霜盡量接近上方熱源，烤出焦痕。

25

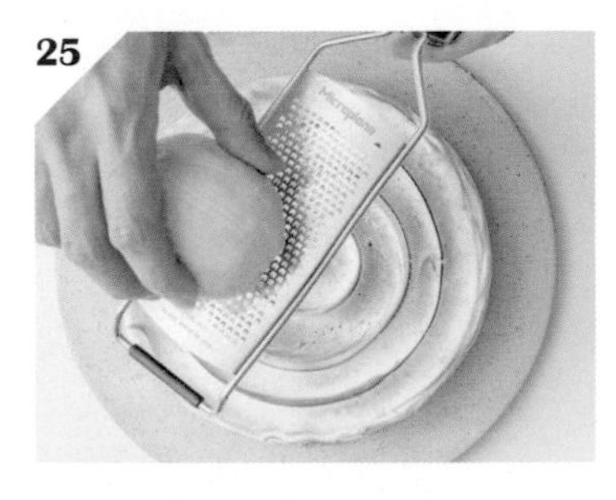

依個人喜好，加入些許檸檬皮茸。

大功告成！

17
Tart

栗子蒙布朗塔

栗子蒙布朗塔這道甜點，在日本尤其受到歡迎。
這是香緹鮮奶油和栗子奶油（Crème de Marrons）的經典組合。
要擠出能展現栗子蒙布朗特色的細絲狀奶油，蒙布朗專用花嘴絕對不可缺。

塔皮
基本塔皮
（參照 p.16 ）
＋
內餡
杏仁奶油餡
（參照 p.48 ）
＋
內餡
香緹鮮奶油
（參照 p.22 ）
＋
內餡
栗子奶油
（參照 p.115 ）

材料（直徑 18 公分的塔 1 個）
稍微烤過的基本塔皮
（參照 p.16，用 170°C烘烤 15 分鐘）1 片
杏仁奶油餡（參照 p.48）半量

〈**栗子奶油**〉
香緹鮮奶油（參照 p.22）半量
栗子泥 200 克
蘭姆酒 15 克
鮮奶油 50 克
（乳脂肪含量不限，也可改用植物性鮮奶油）
無鹽奶油 50 克
糖漬栗子 3～4 顆
糖粉適量

事前準備
- 讓栗子泥、奶油回復到常溫狀態。
- 將烤箱預熱到 170°C。

1

塔皮稍微烤過後，放在常溫下冷卻。

2

用湯匙將杏仁奶油餡塗抹在塔皮上，注意不要碰到模具。抹好後，放入烤箱，以170℃烘烤30分鐘。

3

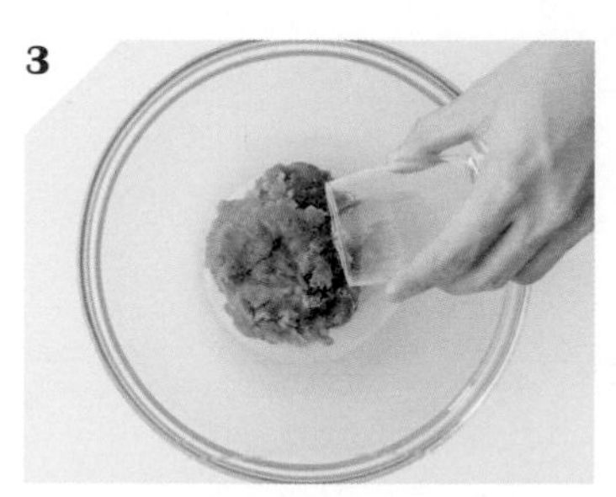

製作栗子奶油。栗子泥放入小盆中，加入蘭姆酒拌勻。

4

加入鮮奶油，用橡膠刮刀攪拌。

Point

要攪拌到變得柔軟滑順。

5

加入奶油，用攪拌器充分攪拌均勻。

Point

用較小的攪拌器操作，比較容易攪拌。

6

栗子奶油完成。

7

切碎糖漬栗子。

8

把糖漬栗子加入香緹鮮奶油中，攪拌混合。

9

將做法 **8** 用橡膠刮刀抹在塔皮上，中間要抹得稍微厚一點。

10

準備蒙布朗專用花嘴。

11

把蒙布朗專用花嘴裝到擠花袋上，填入做法 **6** 的栗子奶油。

12

擠上栗子奶油。

擠的時候要從中間往外側，緊密地擠滿整個塔面。

13

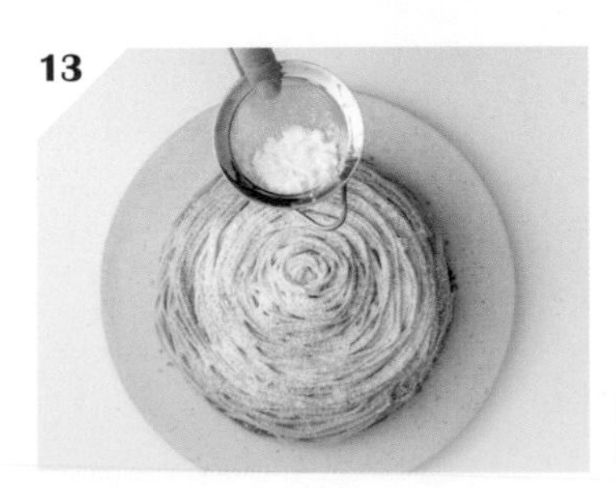

撒上用濾茶網篩過的糖粉。

大功告成！

18
Tart

不含乳製品的南瓜塔

材料中不含奶油，而是使用人造奶油製作塔皮，
搭配豆漿優格餡，以及加了椰子油的南瓜奶油餡。
這款甜點推薦給不能吃乳製品的人，也能放心品嘗可口的甜塔。

塔皮
未使用乳製品的
基本塔皮（參照 p.17 ）
＋
內餡
豆漿優格餡
（參照 p.28 ）
＋
內餡
南瓜餡
（參照 p.118 ）

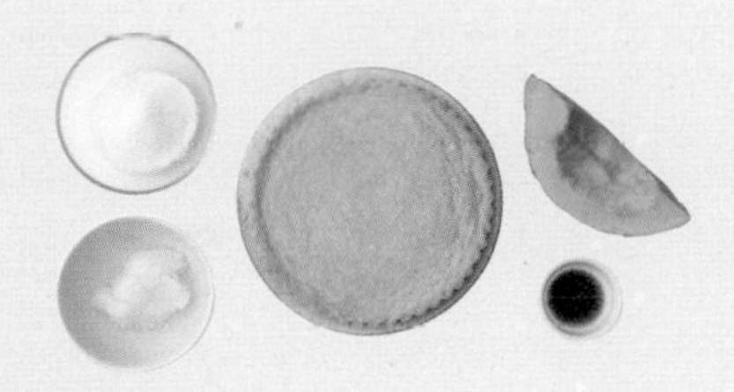

材料（直徑 18 公分的塔 1 個）
未使用乳製品的基本塔皮（參照 p.17）1 片
豆漿優格餡（參照 p.28）全量

〈南瓜餡〉
南瓜 200 克
砂糖 30 克
鹽 1 小撮
椰子油（有無添加香料皆可）40 克
香草精 2 小匙（或是香草精油數滴）
肉桂粉適量

※ 因爲法國的南瓜含水量較豐富，用日本的南瓜製作時，南瓜餡可能會太扎實。若覺得不夠柔順，就 1 小匙 1 小匙地加入植物奶，調整柔軟度。
※ 使用有添加香料的椰子油時，不用另外加肉桂粉。這道食譜建議用無添加香料的椰子油製作。

事前準備
・先在塔皮表面塗上常溫的椰子油（材料量外），冷藏備用。

1

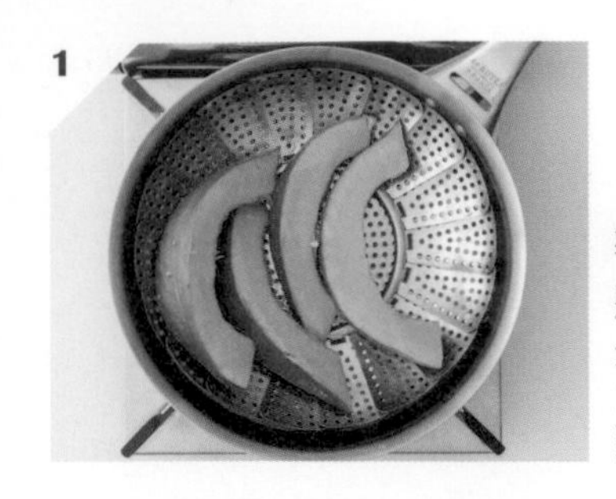

製作南瓜餡。

將南瓜切成 1 公分寬的片狀，蒸 10 ～ 15 分鐘，蒸到南瓜變軟。

Point

用竹籤可以輕鬆刺穿南瓜時，就表示蒸軟了。

2

稍微放涼，用菜刀去掉南瓜皮，切成小塊後放入盆中。

3

加入砂糖和鹽，用叉子壓碎南瓜。

Point

要壓碎到沒有任何顆粒為止。

4

椰子油以 600W 的微波爐加熱約 10 秒，然後將融化的椰子油倒入做法 **3** 中。

5

用攪拌器攪拌到材料變得滑順為止。

6

加入肉桂粉。

7

加入香草精，用攪拌器仔細攪拌。

8

南瓜餡大功告成！

9

把南瓜餡倒在事先塗過椰子油的塔皮上，用橡膠刮刀抹開。

塔的邊緣要預留空間，等一下要擠豆漿優格餡。

10

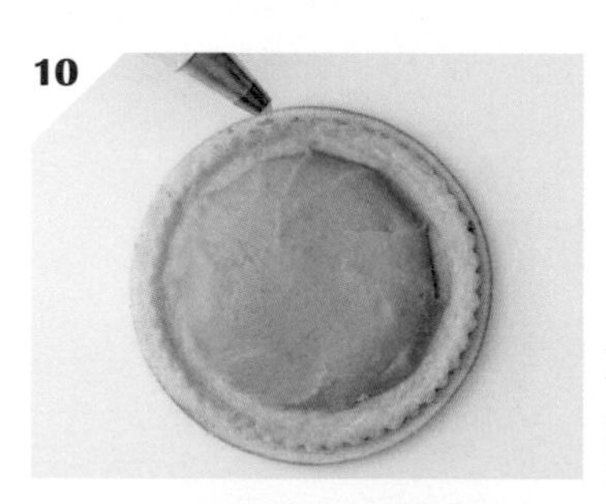

取豆漿優格餡，填入裝有圓形平口花嘴的擠花袋中。

11

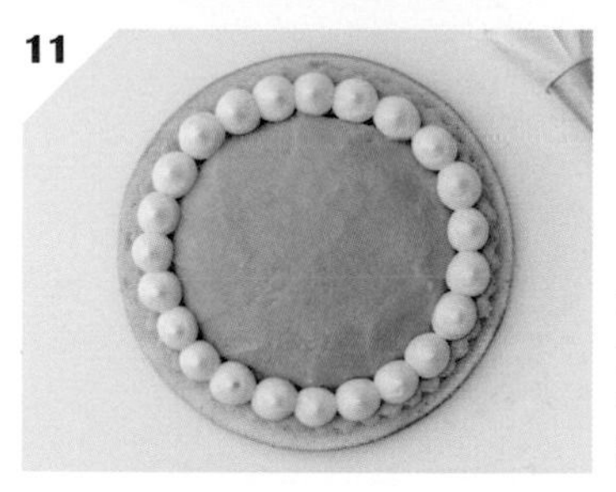

在塔的邊緣擠出大小一致的豆漿優格餡，放入冰箱稍微冷卻。

大功告成！

甜塔二三事

製作甜塔的法國南瓜

書中的南瓜塔是用紅栗南瓜（Potimarron）這個品種。據說在約 20 世紀中期，是由日本人帶到法國，開始在法國栽培的品種。

紅栗南瓜這個名字直譯成法文，就是栗子（Marron）＋南瓜（Potiron），可能因是這個原因，才會將這兩者結合，變成 Potimarron。相較於日本常見的南瓜，紅栗南瓜口感比較沒那麼鬆軟。

紅栗南瓜

法國雖然還有許多其他品種的南瓜，不過沒有口感鬆軟又甜的南瓜，大多是介於瓜和南瓜之間的 Courge（英文的 squash，泛指所有南瓜屬植物）。

上圖中，是在法國常見的南瓜種類。

19 Tart

地瓜塔

這是用加了鹽味焦糖，像日式拔絲地瓜般鹹甜風味的地瓜，
搭配加入奶油製成的地瓜奶油餡製成的美味甜塔。
法國的地瓜是橘色的，所以成品會和日本地瓜不太相同。

塔皮
基本塔皮
（參照 p.16）
＋
內餡
杏仁奶油餡
（參照 p.48）
＋
內餡
香緹鮮奶油
（參照 p.22）
＋
內餡
地瓜奶油餡
（參照 p.121）

材料（直徑 18 公分的塔 1 個）

基本塔皮（參照 p.16） 1 片
杏仁奶油餡（參照 p.48） 半量
香緹鮮奶油（參照 p.22） 全量

〈地瓜奶油餡〉
地瓜 150 克
砂糖 25 克
奶油（無鹽或有鹽奶油皆可） 25 克
牛奶 30 克

〈鹽味焦糖地瓜〉
地瓜 150 克
砂糖 20 克
水 10 克
奶油（無鹽或有鹽奶油皆可） 10 克
水 10 克
鹽 2 小撮

事前準備

- 讓杏仁奶油餡回復到常溫狀態。
- 將烤箱預熱到 170°C。

1

將杏仁奶油餡塗抹在塔皮上。

Point

邊緣為波浪狀的塔模不易脫模，所以塗杏仁奶油餡時，注意不要塗到邊緣。

2

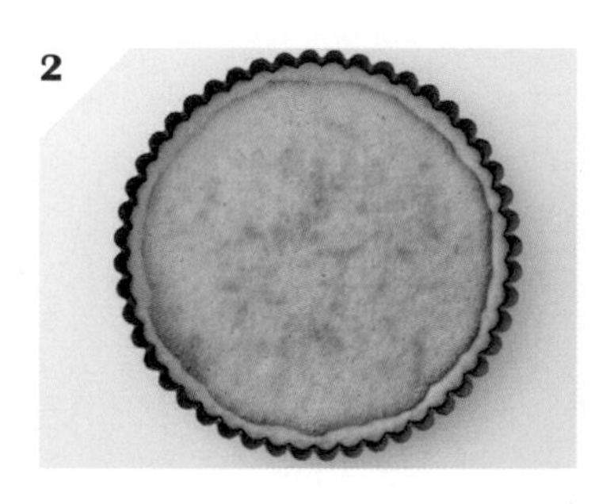

放入烤箱，以170℃烘烤30～35分鐘，放涼備用。

Point

波浪形的塔模跟塔圈相比，較不容易烤到底部，要烤稍微久一點。

3

地瓜去皮，用來做鹽味焦糖地瓜的，切成1公分小丁；用來做地瓜奶油餡的，切成1公分厚的圓片。

4

將地瓜小丁放入水中浸泡。

5

製作地瓜奶油餡。將地瓜片蒸15分鐘，蒸到用竹籤可以輕鬆刺穿的程度。

6

將蒸好的地瓜放入盆中，加入砂糖、奶油，用叉子壓碎。

7

用攪拌器繼續攪拌，視餡料的軟硬，分次加入牛奶攪拌混合。

8

地瓜奶油餡就完成了。

9

製作鹽味焦糖地瓜。用廚房紙巾吸掉做法**4**地瓜的多餘水分。

10

在平底鍋中倒入較多的油（材料量外），將做法 **9** 的地瓜放入鍋中拌炒。

11

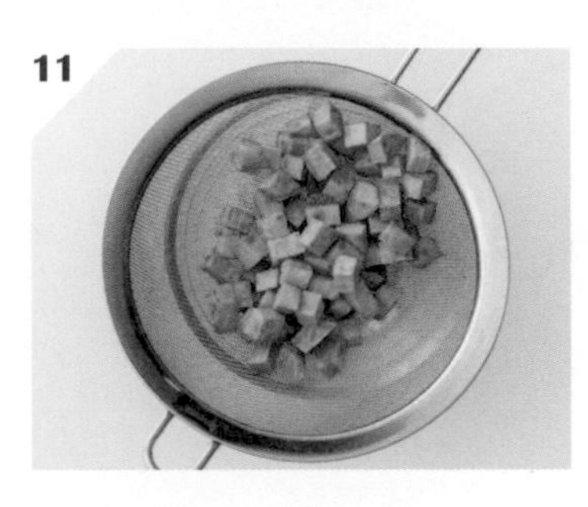

等地瓜表面稍微上色，也變得比較軟了就起鍋，用濾網濾去多餘的油脂。

12

用廚房紙巾擦掉平底鍋裡剩餘的油。

13

將砂糖、水倒入鍋中，加熱溶解。

※ 要事先備妥冷卻平底鍋的濕毛巾。

14

等煮出焦糖色後，把平底鍋放到濕毛巾上，加入奶油，用橡膠刮刀攪拌。

15

在平底鍋裡加水，開小火讓焦糖溶解。

16

慢慢放入做法 **11** 的地瓜。

17

加入鹽，再用橡膠刮刀攪拌。

18

鹽味焦糖口味地瓜完成了。

19

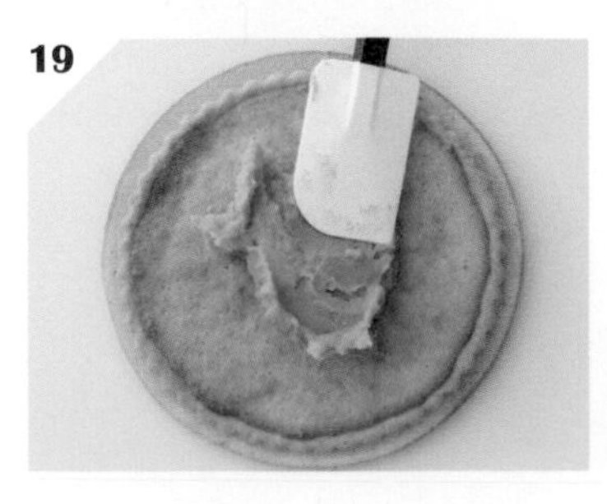

將做法 **8** 的地瓜奶油餡塗抹在整個塔面。

Point

塔的邊緣要預留空間，等一下要擠鮮奶油。

20

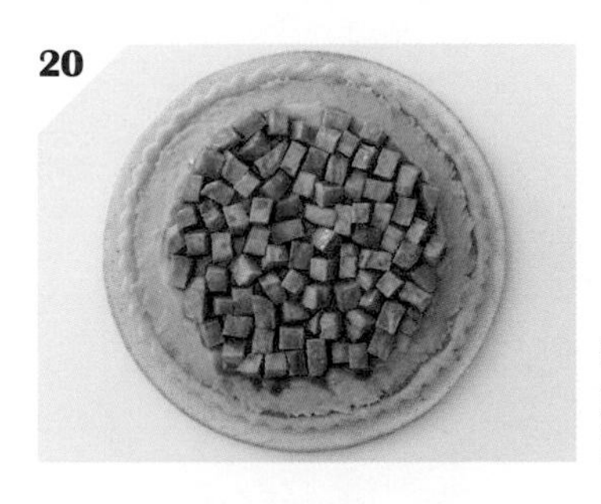

把做法 **18** 的鹽味焦糖地瓜放到塔面上。

21

將香緹鮮奶油填入裝有圓形平口花嘴的擠花袋中。

22

沿著甜塔的邊緣，擠出大小一致的鮮奶油。

大功告成！

甜塔二三事

讓法國人大吃一驚的甜塔

看到我用南瓜和地瓜做甜點，著實讓法國人嚇了一大跳。英語圈中很常看到人用這些蔬菜加辛香料製作甜塔，不過在法國，幾乎沒什麼機會看到。

此外，還有一種以巨大的葉片和紅色的莖為特徵，名叫大黃的植物，常被用來做甜塔。加上大黃的酸味能媲美檸檬或覆盆莓，所以還可以製成果醬或糖漬大黃，用來製作甜點。

法國的地瓜清一色都是橘色。法文是 Patate Douce，有和地瓜（Sweet Potato）一樣甜的甜薯之意。

20
Tart
草莓無花果法式布丁塔

21
Tart
蘋果塔

20
Tart

草莓無花果法式布丁塔

法國的布丁塔（Flan），是指將卡士達醬倒入塔皮中烘烤的甜點，
同樣是法國甜點店中的必備商品。
一般來說，雖然這種布丁塔裡不會加入水果，
但加入水果一起烘烤，風味更有層次變化，更好吃。

塔皮
基本塔皮（參照 p.16）

內餡
法式布丁餡（參照 p.127）

材料（直徑 18 公分的塔 1 個）

烘烤前的基本塔皮（參照 p.16）1 片

〈法式布丁餡〉

牛奶 400 克
鮮奶油（乳脂肪含量 35%以上）100 克
砂糖 90 克
全蛋 1 個
蛋黃 2 個
玉米粉或太白粉 50 克
香草精 1 大匙（或是香草精油數滴）

無花果 4 顆
草莓約 10 顆

※ 也可以依個人喜好，準備其他水果。

事前準備

・將烤箱預熱到 170°C。

1

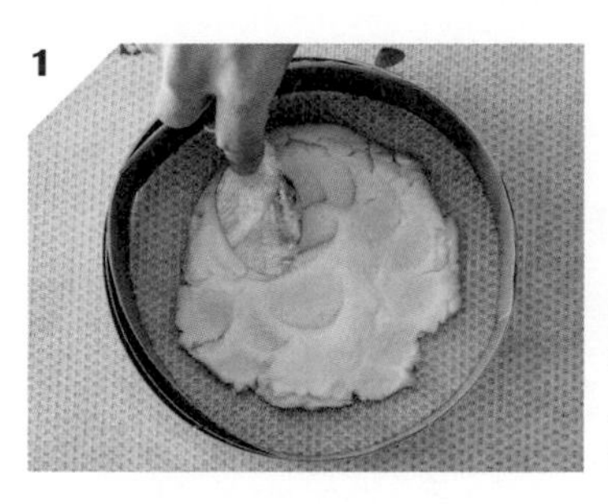

用湯匙把塔皮麵團鋪在慕斯圈裡，放入烤箱，以170℃烘烤25分鐘。

Point

因為會倒入法式布丁餡，所以不能用塔環，要用慕斯圈，並在內側鋪上烘焙紙，再烤塔皮。

2

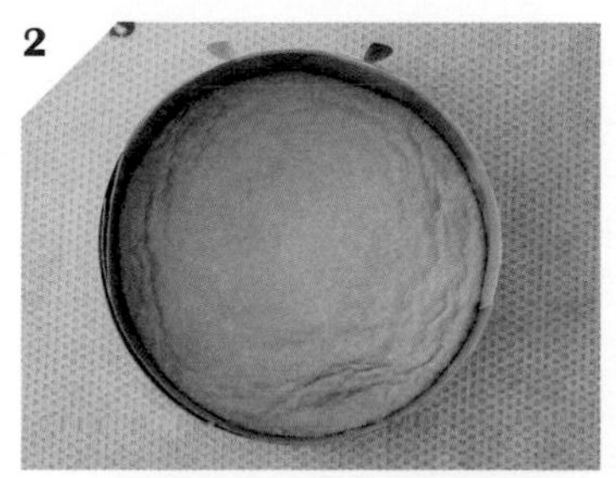

這是烤好的塔皮。

3

無花果、草莓都切成適當大小。

4

製作法式布丁餡。把牛奶、鮮奶油和30克砂糖倒入鍋中。

5

讓砂糖沉澱在鍋底，加熱到快要沸騰（約80℃）。

6

在牛奶加熱過程中，將全蛋和2個蛋黃，還有剩下的砂糖倒入盆中，用攪拌器攪拌。

7

加入玉米粉繼續攪拌。

8

一邊倒入做法**5**加熱好的牛奶中，一邊用攪拌器攪拌混合。

9

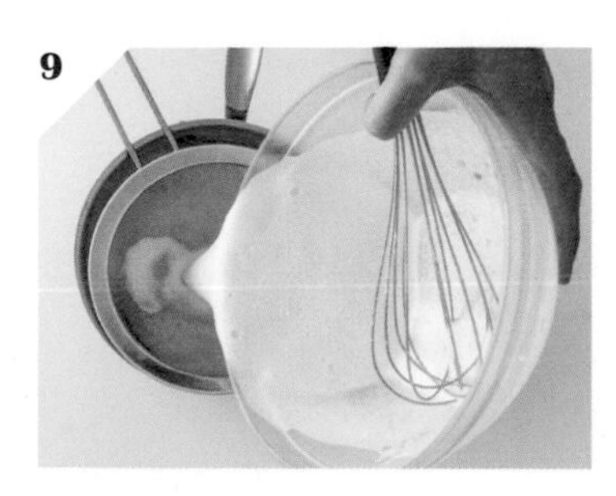

在將材料倒回鍋裡的同時用濾網濾過，可去除蛋殼和繫帶，不過幾乎濾不出什麼東西，所以省略這步驟也沒關係。

10

一邊加熱一邊攪拌整個鍋底。攪拌器沒攪到的鍋底很容易燒焦，所以加熱時，一定要用攪拌器擦底攪遍整個鍋底。

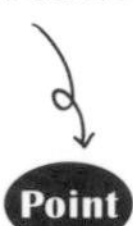

法式布丁餡煮沸變硬後要再繼續攪拌，並加熱約30秒。一直攪拌到整個餡料都確實加熱了。

11

熄火，加入香草精攪拌均勻，法式布丁餡就完成了。

12

趁熱將做法 **11** 倒入做法 **2** 的慕斯圈中。

13

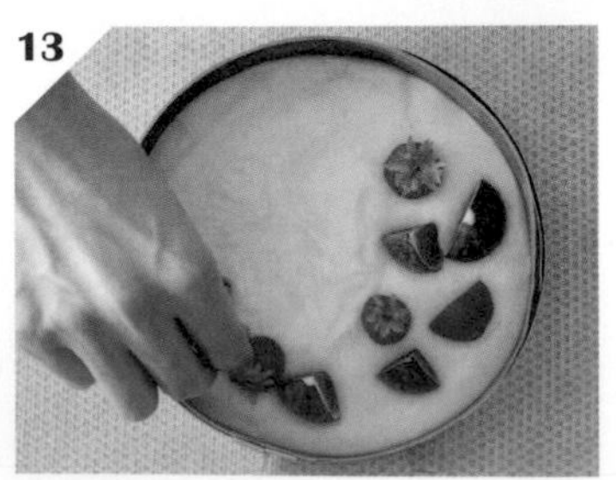

將無花果、草莓排放在塔面上。

14

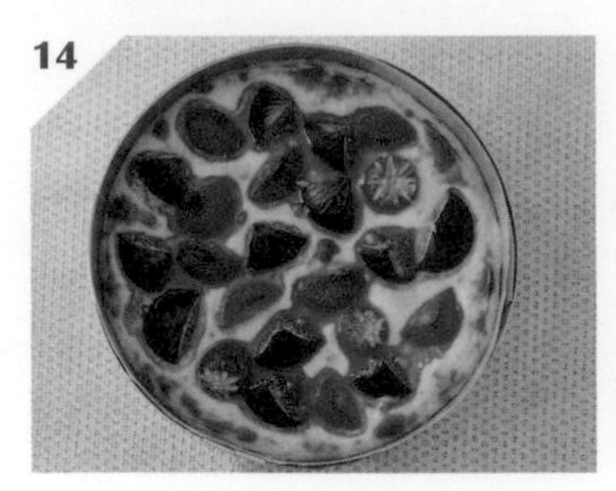

放入烤箱，以180℃～200℃烘烤30～40分鐘，將表面稍微烤成金黃色。

法式布丁餡已經確實加熱過了，所以只要表面烤至上色，即可出爐。如果是用大烤箱，放在中間或是上層烤，比較容易上色。

15

放涼到回復常溫，脫模，放入冰箱冷藏。

大功告成！

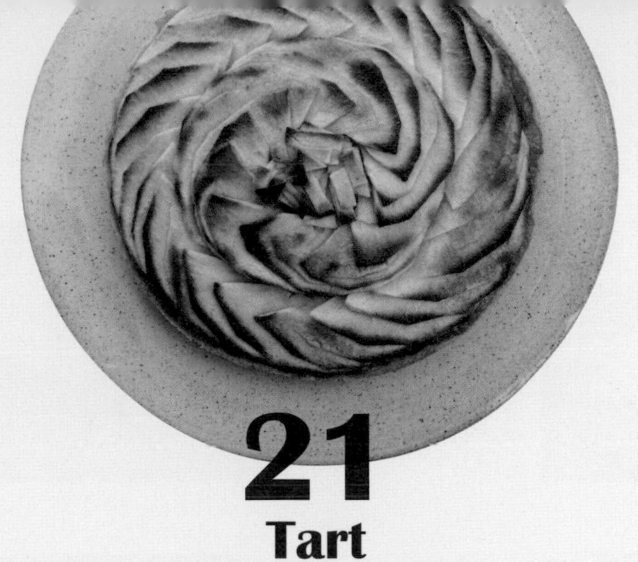

21
Tart

蘋果塔

這是在以蘋果煮成的果漬醬上，排滿蘋果片，
再烘烤而成的法國必備甜塔。
在日本的話，最適合用紅玉蘋果製作這道蘋果塔。
放在派皮上烤出的蘋果派，也是在法國麵包店很常見到的甜點。

塔皮
基本塔皮（參照 p.16）

內餡
蘋果果漬醬（參照 p.130）

材料（直徑 18 公分的塔 1 個）
基本塔皮（參照 p.16） 1 片
蘋果大的 2 個
砂糖 40 克
肉桂粉少許

事前準備
・將烤箱預熱到 180°C。

1

製作蘋果果漬醬。 先拿 1 個蘋果削皮，去籽後切成薄片。

2

把做法 **1**、30 克砂糖放入鍋中。

3

加入肉桂粉，稍微攪拌一下之後加熱。

4

用小火熬煮到蘋果變軟。

5

持續熬煮到蘋果失去原形，蘋果果漬醬就完成了。

6

將剩下的蘋果對半切開，削皮後去籽。

7

從側邊盡量切成薄片。

8

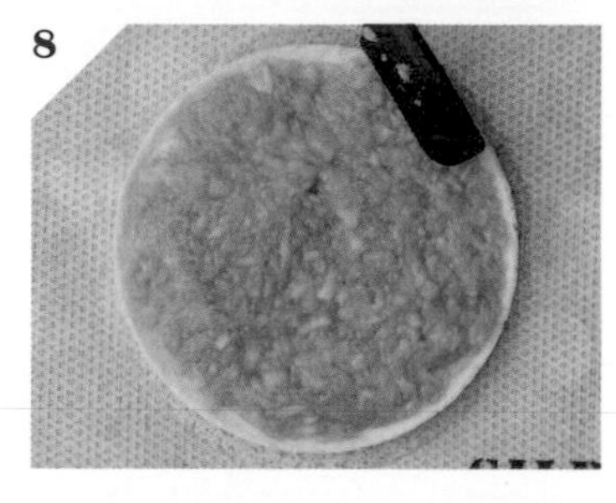

等做法 **5** 放涼了，塗抹在塔皮上。

9

將蘋果薄片整齊地排放在塔面上。從外側一片片地疊放，繞一整圈，中間也稍微放一些。

10

接著，繼續在內側也放上一圈蘋果片。

11

把一部分蘋果切得更小塊，放在正中心。

12

將剩下的砂糖撒在整個塔面上。

13

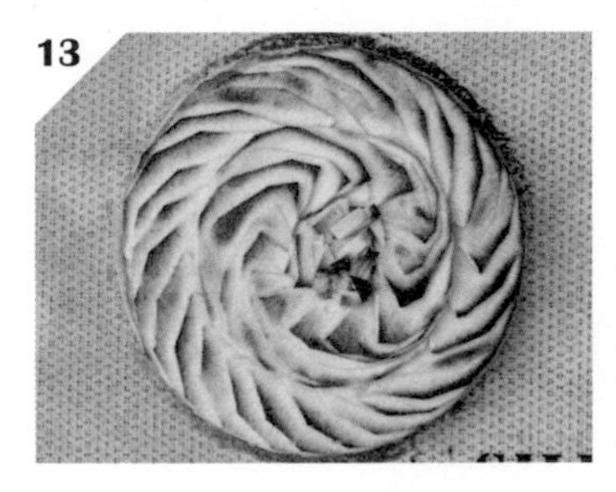

放入烤箱，以 180℃烘烤 30 ～ 40 分鐘，烤到表面的蘋果片上色，即可出爐。

Point

如果使用較大的烤箱，可以放在上層，比較容易烤上色。

大功告成！

認識法式蘋果塔、反轉蘋果塔這兩種不同的蘋果塔

法式蘋果塔（Tarte aux Pommes）是用了大量蘋果薄片製成的蘋果塔。在法國，是一般民眾也經常會在家裡製作，最受歡迎的甜塔。法國家庭製作時，可能會如同本書中所介紹的，在塔皮放上蘋果果漬醬、新鮮蘋果後再拿去烤，或是省略果漬醬，做法更簡單，只放了新鮮蘋果薄片，但依然美味的蘋果塔。

而在日本也相當有名的反轉蘋果塔（Tarte Tatin），據說是在超過 100 年前的法國，由於塔汀姊妹的一時失誤，而發明出的甜點。將煮到焦糖化（加入奶油、砂糖燉煮）的蘋果放入塔模中，再把塔皮蓋在上面，送入烤箱烘烤，烤好之後再整個反轉，取出烤好的蘋果塔，是濃縮了大量蘋果滋味的一種蘋果塔。

Cook50 229

200萬人以上追蹤，旅居巴黎甜點youtuber親授！快速甜塔點心

不需擀麵團、不必鬆弛、不會弄髒手，3種塔皮＋11種內餡＝21個酥塔

作者｜Emojoie（えもじょわ）
翻譯｜Demi
美術完稿｜許維玲
編輯｜彭文怡
校對｜連玉瑩
企畫統籌｜李橘
總編輯｜莫少閒
出版者｜朱雀文化事業有限公司
地址｜台北市基隆路二段13-1號3樓
電話｜02-2345-3868
傳真｜02-2345-3828
e-mail｜redbook@ms26.hinet.net
網址｜http://redbook.com.tw
ISBN｜978-626-7064-59-7
CIP｜427.16
初版一刷｜2023.4
定價｜450元
出版登記｜北市業字第1403號

●日文書製作

攝影：Emojoie（えもじょわ）
書籍設計：林陽子（Sparrow Design）
校對：麦秋Art Center
營業：松村英彥
製作：武田惟
編輯：細川潤子、若月孝士
協力：尾田学